《建筑与市政工程绿色施工评价标准》技术细则

中国建筑业协会绿色建造与智能建筑分会
中国建筑股份有限公司 组织编写

中国建筑工业出版社

图书在版编目（CIP）数据

《建筑与市政工程绿色施工评价标准》技术细则 / 中国建筑业协会绿色建造与智能建筑分会，中国建筑股份有限公司组织编写．—北京：中国建筑工业出版社，2024.4

ISBN 978-7-112-29715-3

Ⅰ.①建… Ⅱ.①中… ②中… Ⅲ.①建筑施工—无污染技术—评价标准—细则—中国②市政工程—工程施工—无污染技术—评价标准—细则—中国 Ⅳ.① TU74 ② TU99

中国国家版本馆 CIP 数据核字（2024）第 061667 号

本书根据国家标准《建筑与市政工程绿色施工评价标准》GB/T 50640—2023（以下简称“《标准》”）进行编写，并与其配合使用，为绿色施工的实施和评价工作提供更为具体的技术指导。主要根据《标准》条款的内容，从条文解析、实施要点和评价方法三个方面，进一步细化了条款的实施要求和评价要求，便于各方执行。

本书可供开展绿色施工实施、评价、管理的有关技术人员、咨询人员、管理人员等参考。

责任编辑：张　磊
文字编辑：张建文
责任校对：赵　力

《建筑与市政工程绿色施工评价标准》技术细则

中国建筑业协会绿色建造与智能建筑分会
中国建筑股份有限公司　组织编写

*

中国建筑工业出版社出版、发行（北京海淀三里河路9号）
各地新华书店、建筑书店经销
北京建筑工业印刷有限公司制版
北京圣夫亚美印刷有限公司印刷

*

开本：787毫米×1092毫米　1/16　印张：9　字数：218千字
2024 年 4 月第一版　2024 年 4 月第一次印刷
定价：**54.00** 元
ISBN 978-7-112-29715-3
（42808）

本书编委会

主　编： 肖绪文

副主编： 李翠萍　陈　浩　亓立刚　刘明生

委　员： 安兰慧　彭琳娜　梁保真　于震平

袁　梅　聂涛涛　贾　超　朱　彤

黄　宁　李晓光　郭婷婷　赵　静

杨晓东　汪道金　刘　星　张淳劼

胡　俊　吴明权　王爱勋　孙　亮

前　言

国家标准《建筑工程绿色施工评价标准》GB/T 50640—2010 修订更名为《建筑与市政工程绿色施工评价标准》GB/T 50640—2023（以下简称“《标准》”），《标准》于 2023 年发布，2024 年 5 月 1 日实施。为了更好地执行《标准》，中国建筑业协会绿色建造与智能建筑分会、中国建筑股份有限公司组织《标准》修订组专家，编写完成了《〈建筑与市政工程绿色施工评价标准〉技术细则》（以下简称“《技术细则》”），用于指导绿色施工活动规范地开展。《技术细则》主要是与《标准》配合使用，进一步对条款的实施和评价进行细化，提供更为具体的指导。

《技术细则》依据《标准》进行编写，编排上也与《标准》基本对应。在条文下一般包括条文解析、实施要点和评价方法三个方面；有的条文视其内容只包含条文解析。条文解析主要包括条文设置背景或意义、条文释义、国家相关行业政策或标准的有关论述；实施要点主要包括现场简要做法、资料要求。对于有定量指标和统计汇总要求的条文，给出计算方法和统计表格式；评价方法明确需要查阅和检查的资料名称、内容、现场要求等。

《技术细则》第 1 章、第 2 章由中国建筑股份有限公司负责编写，第 3 章由中国建筑第八工程局有限公司、陕西省建工集团股份有限公司负责编写，第 4 章由湖南省建投集团负责编写，第 5 章由北京建工集团有限责任公司、上海建工集团股份有限公司、中国建筑第四工程局有限公司、河南省建筑业协会负责编写，第 6 章由陕西省建工集团股份有限公司负责编写，第 7 章由中国建筑业协会绿色建造与智能建筑分会负责编写，第 8 章由武汉建工集团股份有限公司、中国建筑业协会绿色建造与智能建筑分会负责编写，第 9 章由中国建筑业协会绿色建造与智能建筑分会负责编写。

《技术细则》今后将适时修订。在使用过程中，各单位和有关技术人员若有意见和建议，请反馈给中国建筑业协会绿色建造与智能建筑分会（地址：北京市海淀区中关村南大街 48 号九龙商务中心 A 座 7 层，邮编：100081），以便修订完善。

本书编委会

2024 年 1 月

目　录

1　总则……1
2　术语……2
3　基本规定……3
　3.1　实施组织……3
　3.2　绿色施工策划……4
　3.3　管理要求……6
　3.4　评价框架体系……14
4　环境保护评价指标……17
　4.1　控制项……17
　4.2　一般项……19
　4.3　优选项……42
5　资源节约评价指标……50
　5.1　控制项……50
　5.2　一般项……54
　5.3　优选项……74
6　人力资源节约和保护评价指标……83
　6.1　控制项……83
　6.2　一般项……87
　6.3　优选项……98
7　技术创新评价指标……102
8　评价方法……109
9　评价组织和程序……115
　9.1　评价组织……115
　9.2　评价程序……116
　9.3　评价资料……117
附录A　基本规定评价……118
附录B　要素与批次评价……120
附录C　技术创新与阶段评价……129
附录D　单位工程评价……131

1 总　　则

1.0.1 为推进绿色施工，规范建筑与市政工程绿色施工评价方法，制定本标准。

【条文解析】

工程施工是将设计成果物化的过程，在较短的时间内，消耗大量的资源，并对现场环境产生一定的影响。绿色施工注重施工过程的资源节约、环境保护和人员健康，有利于建筑业的可持续发展。通过制定和实施规范的评价标准，践行绿色施工新技术、新方法，为工程施工人员提供实施绿色施工的依据，对推动绿色施工具有重要的意义。

本标准的前一版《建筑工程绿色施工评价标准》GB/T 50640—2010（以下简称“2010年版《标准》”）是以原建设部2007年发布的《绿色施工导则》（建质〔2007〕223号）中“四节一环保”的理念为依据，通过调查研究，总结我国绿色施工的实践经验和已有成果，反映当时的绿色施工水平而制定。2010年版《标准》发布实施后，在实践中转变了工程施工人员的理念，在传统的施工控制四要素基础上，增加了绿色要素。为全国范围开展绿色施工实践提供有效指导，取得了显著的成效。

通过十多年的推行，绿色施工技术和措施也在实践中不断地发展和改进。有必要吸取新的成果，修订新的标准，不断推进绿色施工的发展。

1.0.2 本标准适用于新建、扩建、改建及拆除等建筑工程与道路、桥梁和隧道等市政工程绿色施工评价。

【条文解析】

在绿色施工实践中，不但建筑工程项目开展了绿色施工的活动，而且市政工程项目也根据2010年版《标准》进行了绿色施工的实践和评价，同样取得了较好的成效。为了更好地体现市政工程与建筑工程在绿色施工方面的差异，《标准》除了增加了适用于市政工程的条文外，还对评价方法做了修改，由此建筑工程与市政工程将采用不同的评价方法，反映其存在的差异，并更名为《建筑与市政工程绿色施工评价标准》GB/T 50640—2023。

1.0.3 建筑与市政工程绿色施工评价除应符合本标准外，尚应符合国家现行有关标准的规定。

【条文解析】

绿色施工评价应以满足国家法律法规和现行有关标准为前提条件。本标准仅是对施工中的环境保护、资源节约和人员健康等进行评价。工程施工还应该满足其他相关标准，如施工质量验收规范、施工安全标准、环境保护和文明工地相关标准等。特别是最近发布的通用规范，如《建筑与市政工程施工质量控制通用规范》GB 55032—2022、《建筑与市政施工现场安全卫生与职业健康通用规范》GB 55034—2022等。

2 术 语

2.0.1 绿色施工 green construction

在保证质量、安全等基本要求的前提下，以人为本，因地制宜，通过科学管理和技术进步，最大限度地节约资源，减少对环境负面影响的施工活动。

2.0.2 控制项 prerequisite items

绿色施工过程中必须达到要求的条款。

2.0.3 一般项 general items

绿色施工过程中实施难度和要求适中的条款。

2.0.4 优选项 extra items

绿色施工过程中实施难度较大、要求较高的条款。

2.0.5 建筑垃圾 construction trash

建筑工程与道路、桥梁和隧道等市政工程施工过程中产生的废物料。

2.0.6 建筑废弃物 building waste

建筑垃圾分类后，丧失施工现场回收和利用价值的部分。

2.0.7 回收利用率 percentage of recovery and reuse

施工现场回收和利用的建筑垃圾占施工现场建筑垃圾总量的比重。

2.0.8 基坑封闭降水 obdurate ground water lowering

在基底和基坑侧壁采取截水措施，对基坑以外地下水位不产生影响的降水方法。

2.0.9 信息化施工 informative construction

利用信息技术对工程项目实施过程的信息进行采集、传输、处理、利用和存储的施工活动。

2.0.10 绿色施工评价 green construction evaluation

对工程建设项目绿色施工水平及效果进行评判的活动。

3 基本规定

3.1 实施组织

3.1.1 总承包单位应对工程项目的绿色施工负总责。

【条文解析】

建设工程项目是指为完成依法立项新建、扩建、改建工程而进行的，有起止日期的，达到规定要求的一组相互关联的受控活动，包括策划勘察、设计、采购、施工、试运行、竣工验收和考核评价等阶段。总承包单位是指工程项目的工程总承包负责单位或施工总承包单位。国家标准《建筑工程绿色施工规范》GB/T 50905—2014 中规定“实行总承包管理的建设工程，总承包单位应对工程项目的绿色施工负总责”。工程项目的总承包单位应以项目管理者身份对各分包单位的绿色施工进行组织设计，绿色施工方案进行审核，根据预先设定的绿色施工总目标进行目标分解、实施和考核活动。要求措施、进度和人员落实到位，实行过程控制，确保绿色施工目标得以实现。

【实施要点】

在施工过程中对分包单位的绿色施工方案与措施的落实情况进行监督与协调，在分部分项工程验收时应对绿色施工实施效果进行评价与总结。将绿色施工管理工作落实到施工管理的各项具体工作中，同时做好影像、文字资料的留底与归档工作。

【评价方法】

核查以下文件及内容，现场检查时核查施工管理过程资料以及对绿色施工工作的事前审查、事中监督和事后评价的书面文件的完整性与规范性：

（1）总承包单位对分包单位施工组织设计、分部分项施工方案审核记录；

（2）总承包单位对分部分项工程的验收文件，应包括对绿色施工成效综合评价文件。

3.1.2 分包单位应对承包范围内的工程项目绿色施工负责。

【条文解析】

专业分包是指建筑工程总承包单位根据合同的约定经建设单位允许，将专业性较强的专业工程发包给具有相应资质的单位。劳务分包作业是指施工承包单位或者专业承包单位将其承揽工程中的劳务作业发包给具有相应资质的劳务分包单位所完成的活动。分包单位负责承包范围内的绿色施工的组织与实施工作，在施工材料的选择与使用、施工机械的选择与使用、施工过程的管理与组织中贯彻绿色施工要求，遵照总承包单位的绿色施工管理规定，履行分包范围内的绿色施工义务，承担分包范围内的管理责任。

【实施要点】

根据项目绿色施工的具体要求，在编制施工方案时应包含绿色施工内容。基于绿色施工管理目标，结合当地的实际情况，选择适合的绿色施工技术和措施。明确绿色施工关键管控节点的责任人，认真落实总承包单位的绿色施工管理办法和流程，履行分包单位的义务。

【评价方法】

核查以下文件及内容，现场检查时核查施工管理过程资料的完整性与规范性：

（1）分包单位施工方案；

（2）分包单位绿色施工岗位责任制。

3.1.3 项目部应建立以项目经理为第一责任人的绿色施工管理体系。

【条文解析】

项目部是指总承包企业派驻现场进行工程实施或参与工程管理工作，且有明确的职责、权限和相互关系的人员的集合。项目负责人（项目经理）是指组织法定代表人在建设工程项目上的授权委托代理人。绿色施工管理体系应当以项目部为主体，项目经理为第一责任人，由项目部全体成员组成，落实到项目部所有部门，贯穿项目施工全过程。

【实施要点】

项目经理作为绿色施工第一责任人负责绿色施工的组织实施及目标实现，牵头组织绿色施工的前期策划、绿色施工管理制度的制定、绿色施工的教育培训、自检、评价、总结绿色施工效果评价的相关工作。批次评价、阶段评价及单位工程评价文件须有项目经理签字。

【评价方法】

核查以下文件及内容，现场检查时核查施工管理过程资料的完整性与规范性：

（1）项目经理岗位职责中是否包含绿色施工内容；

（2）是否建立以项目经理为主导的绿色施工管理组织体系；

（3）绿色施工过程评价及改进资料是否有项目经理签字。

3.2 绿色施工策划

3.2.1 工程项目开工前，项目部应进行绿色施工影响因素分析，明确绿色施工目标。

【条文解析】

工程项目的绿色施工应因地制宜，根据实际所处位置对评价要素进行调整，但需有调整依据，相关文件应即时提交备案。

【实施要点】

项目部在开工前应全面了解施工场地范围内地上、地下、周边的基本情况，当地气候特征，环境特点和环境敏感点的分布情况，结合项目前期已完成的评价报告、审批批复和专家意见等资料（如项目建议书、选址意见书、环境影响评价报告、节能评估报告、可行性研究报告和相关主管部门的批复文件及勘察设计文件等），以及项目管理目标，进行绿色施工过程风险和影响因素识别，明确绿色施工目标。

【评价方法】

核查以下文件及内容，现场检查时核查施工管理过程资料的完整性与规范性：

（1）开工前编制的绿色施工影响因素分析资料；

（2）是否明确绿色施工目标。

3.2.2 项目部应依据绿色施工影响因素的分析结果进行绿色施工策划，并应对绿色施工评价要素中的评价条款进行取舍。

【条文解析】

项目部制订的绿色施工策划文件中，应包括过程潜在风险和影响因素的分析结果。绿色施工策划应遵循“因地制宜、以人为本”的原则，依据工程项目的实际情况进行合理选择，追求最终整体效益的最大化。

【实施要点】

项目部在编制施工组织设计和施工方案时应体现绿色施工评价的内容，根据绿色施工目标和影响因素分析结果，选择适用的施工技术和合理的管理方法，在策划过程中，根据周边环境、作业条件、地质特征、风土民情、当地气候特点、现场实际情况、项目管理目标等因素对绿色施工评价要素中的条款进行取舍，并进行汇总及说明理由。

【评价方法】

核查以下文件及内容，现场检查时核查施工管理过程资料的完整性与规范性：

（1）明确提出绿色施工策划相关资料；

（2）对不纳入项目绿色施工评价条款的理由是否进行了说明。

3.2.3 绿色施工策划应通过绿色施工组织设计、绿色施工方案和绿色施工技术交底等文件的编制实现。

【条文解析】

绿色施工策划是项目部为了实现绿色施工目标，通过科学的管理规划、适用技术的应用，遵循因地制宜、以人为本的原则，对未来施工全过程进行系统、周密、科学地预测并制订合理的解决方案和应急预案，其具体应由绿色施工组织设计、绿色施工方案和绿色施工技术交底等文件构成。绿色施工组织设计、绿色施工方案和绿色施工技术交底等文件是在传统施工组织设计、施工方案和施工技术交底文件的基础上融入绿色施工的内容编制形成的相应文件。文件编制过程应突出阶段性工作重点和目标，全程遵循绿色施工的原则，充分体现其实用性和可操作性。

【实施要点】

绿色施工组织设计、绿色施工方案和绿色施工技术交底等文件编制应考虑施工现场的自然与人文环境特点，应有减少资源浪费和防止环境污染的措施，应明确绿色施工的组织管理体系、技术要求和措施，应选用先进的产品、技术、设备、施工工艺和方法，应充分利用规划区域内的设施。绿色施工组织设计应包括但不限于下列内容：工程概况、编制依据、绿色施工目标、绿色施工管理组织机构及职责、绿色施工部署、绿色施工具体措施、应急预案措施、附图等。绿色施工方案应包含：工程概况，绿色施工目标，以及环境保护、资源节约、人力资源节约和保护及创新等方面的具体实施措施。

【评价方法】

核查以下文件及内容，现场检查时核查施工文件资料中的绿色施工内容：

（1）绿色施工组织设计；

（2）绿色施工方案；

（3）绿色施工技术交底。

3.2.4 绿色施工组织设计及其方案应包括技术和管理创新的内容及相应措施。

【条文解析】

绿色施工组织设计是指项目部将企业技术标准、规范及设备等生产要素进行合理组合，基于项目的实际情况和具体要求，建立和整合一系列适用于项目绿色施工的组织结构、技术体系和实施流程的作业指导文件。

绿色施工组织设计及其方案是有效推进绿色施工的方法之一，内容应包括且不限于施工技术和管理技术，在确保建筑质量安全的前提下，鼓励进行创新的有益尝试，通过科学管理和技术革新，全面促进建筑业生产水平及效率的全面提高。

【实施要点】

项目在编制绿色施工组织设计及其方案时，应在绿色施工评价条款规定的基础上，根据项目实际情况及条件，对项目整个施工过程进行分析，提出关于绿色施工技术和管理方面的创新内容，并编制相应的实施措施。

【评价方法】

核查以下文件及内容，现场检查时核查绿色施工文件中的创新和创效分析及保障措施：

绿色施工组织设计文件中技术和管理创新和创效的计划和具体措施。

3.3 管 理 要 求

3.3.1 施工单位应对工程项目绿色施工进行检查。

【条文解析】

施工单位是各层次、各阶段以及各分部分项工程绿色施工的实施和管理的责任主体。施工单位除了全面负责绿色施工的日常管理工作外，还要对绿色施工实施质量及工作进度进行监督，并对承包范围内的绿色施工例行检查和考核，将此纳入工程项目施工管理条例中。

【实施要点】

应明确绿色施工检查和考核的形式、周期、评价方法、标准以及奖惩措施，将其贯彻于施工全过程。

【评价方法】

核查以下文件及内容，现场检查施工管理过程资料的完整性与规范性：

施工单位对承包范围内的绿色施工检查和考核的有关材料以及绿色施工效果评价和改进意见。

3.3.2 工程项目绿色施工应符合下列规定：

1 建立健全的绿色施工管理体系和制度；

2 具有齐全的绿色施工策划文件；

3 设立清晰醒目的绿色施工宣传标志；

4 建立专业培训和岗位培训相结合的绿色施工培训制度，并有实施记录；

5 绿色施工批次和阶段评价记录完整，持续改进的资料保存齐全；

6 采集和保存实施过程中的绿色施工典型图片或影像资料；

7 推广应用“四新”技术；

8 分包合同或劳务合同包含绿色施工要求。

【条文解析】

绿色施工要求通过科学管理和技术进步的方式，实现资源节约、环境保护和人力资源保护，并尽量减少施工活动对周边环境的影响。绿色施工参评项目应建立健全完整的评价体系、制度、流程和管理办法；绿色施工管理应贯穿施工管理全过程，做到事前组织策划、事中监督落实和事后总结评价；现场的标识和样板、归档资料和文件、过程管理和记录应完整规范；倡导新材料、新设备、新工艺、新技术推广和应用；绿色施工相关单位的责任和义务应在分包合同中明确。

款1 建立健全的绿色施工管理体系和制度。

【实施要点】

施工总承包单位应该根据工程项目的实际情况建立合理的绿色施工规划和健全的绿色施工管理体系及制度，以保障绿色施工管理目标的顺利实现。

绿色施工项目应建立以项目经理为现场第一责任人、公司相关部门全过程监督实施的绿色施工管理小组，制订绿色施工管理目标并根据“环境保护、资源节约、人力资源节约与保护”的要求对人员进行分工，实行责任分级并制订相应的管理职责。健全的绿色施工管理体系应包括但不限于管理目标、组织结构、岗位职责、任务分解、工艺流程、考核指标和奖惩机制。管理体系和制度应在尊重各方意愿、兼顾各方权益、吸纳各方意见的基础上建立，一经确定后各方应无条件将其贯彻于日常工作中。

结合工程实际情况，项目制订绿色施工管理制度及措施。施工过程中，依据绿色施工管理制度及措施，建立绿色施工表格，每周由绿色施工副组长组织对表格填写的情况进行检查。收集保存过程管理资料、见证资料、典型图片等，并将绿色施工过程中相应技术措施、检查等形成记录。

【评价方法】

核查以下文件及内容，现场检查施工管理过程资料的完整性与规范性：

（1）绿色施工管理的组织结构图及相应的岗位职责；

（2）绿色施工管理体系与制度文件。

款2 具有齐全的绿色施工策划文件。

【实施要点】

项目部进场前应进行绿色施工策划工作，形成齐全的绿色施工策划文件，主要以绿色施工组织设计、绿色施工方案和绿色施工技术交底等文件的形式体现。

【评价方法】

核查以下文件及内容，现场检查施工管理过程资料的完整性与规范性：

（1）绿色施工组织设计；

（2）绿色施工方案；

（3）绿色施工技术交底。

款3 设立清晰醒目的绿色施工宣传标志。

【实施要点】

在施工现场的大门入口处设置绿色施工公示牌，其内容包括控制目标、责任人、主要采取的实施措施等。在办公区、生活区、施工现场设置醒目的环境保护、资源节约、人力资源节约的相关宣传、提示、标识等宣传标志。

【评价方法】

核查以下文件及内容，现场检查时应实地考察施工现场的落实情况：

（1）绿色施工组织设计、绿色施工方案和绿色施工技术交底等策划文件中绿色施工宣传标志的相关内容；

（2）巡查现场实施情况或影像资料。

款4 建立专业培训和岗位培训相结合的绿色施工培训制度，并有实施记录。

【实施要点】

总承包单位和专业分包单位应根据绿色施工策划、绿色施工组织设计和绿色施工方案的内容对一线作业人员进行绿色施工技术交底；根据项目绿色施工培训计划，对管理和作业人员进行绿色施工培训，提升其绿色施工业务知识储备和提高绿色施工管理能力。

项目部应建立从公司到分公司、分公司到项目、项目到劳务队及作业人员的阶梯式培训模式，增强全员绿色施工意识。绿色施工培训无须按照每月或固定的培训频率进行培训，但必须在开工前组织项目管理人员的全面培训及各阶段施工人员的培训。培训时应做好培训过程记录，记录包括：培训人员签到、培训过程影像资料、培训效果验证、授课人、培训内容简介。

【评价方法】

核查以下文件及培训内容，现场检查时应核实证明资料的时效性和规范性，抽查被培训人员的培训效果：

（1）绿色施工技术培训制度与计划；

（2）绿色施工技术培训过程的记录资料。

款5 绿色施工批次和阶段评价记录完整，持续改进的资料保存齐全。

【实施要点】

绿色施工批次评价是由施工单位组织，建设和监理单位参加的活动；绿色施工阶段评价是由建设或监理单位组织，建设、监理和施工单位参加的活动。

评价次数每季度不应少于1次，且每阶段评价不应少于1次。评价结果均应由建设、监理和施工三方签字确认。持续改进的资料包括日常检查、监理检查、上级检查、批次和阶段评价过程检查出的不合格项的整改以及整改后验收合格的记录等资料。

【评价方法】

核查以下资料及内容，现场应检查批次和阶段评价的资料完整性：

（1）检查绿色施工批次和阶段评价资料；

（2）如有改进建议，检查意见反馈资料。

款6 采集和保存实施过程中的绿色施工典型图片或影像资料。

【实施要点】

影像资料要根据工程类别及要素的不同，分类收集整理并装订成册，明确拍摄目的和反映的内容，比如拍摄地基和基础工程的影像资料是为了标识基坑开挖方法、基底土质情况、基础结构施工方法和质量情况，其内容应包括基坑开挖使用设备、基坑边坡坡度、基坑降排水情况、地基土质情况、基础施工过程质量控制措施、基础结构的外观、基坑回填施工前后情况等。影像资料拍摄后，项目部应设专人及时进行整理、保存。整理时可利用软件对照片、电子文件进行标注、排序并附加说明，如日期、部位、情况说明、施工状况等。影像资料要与实际工程相符，禁止转载或引用。

【评价方法】

核查以下文件及内容，现场检查施工管理过程资料的完整性与规范性：

（1）影像资料真实有效；

（2）影像资料与证明内容相对应。

款7 推广应用“四新”技术。

【实施要点】

“四新”技术指“新技术”“新材料”“新工艺”“新设备”，应当区别于“建筑业10项新技术”。“四新”技术的应用，应优先选用住房和城乡建设部《绿色施工推广应用技术公告》中所列技术以及地方政府在建筑领域推广的“四新”技术。技术的适用分析、过程的数据收集、结果的效益评价资料应该完整，并在技术文件中有所体现。

【评价方法】

核查以下资料，并在现场检查技术应用的实际情况和成品的观感质量：

（1）检查“四新”技术的使用情况或影像资料；

（2）评价采用“四新”技术的效益。

款8 分包合同或劳务合同包含绿色施工要求。

【实施要点】

分包合同和劳务分包合同中应包含绿色施工工作内容、创建标准、各要素须达到的主要指标、明确提出甲乙双方在工程项目绿色施工方面的责任与义务以及奖惩条款。

【评价方法】

核查以下文件，并在现场检查落实的实际情况：

（1）分包合同的相应条款内容；

（2）劳务合同的相应条款内容。

3.3.3 当发生下列情况之一时，不得评为绿色施工合格项目：

1 发生安全生产死亡责任事故；

2 发生工程质量事故或由质量问题造成不良社会影响；

3 发生群体传染病、食物中毒等责任事故；

4 施工中因“环境保护与资源节约”问题被政府管理部门处罚；

5 违反国家有关“环境保护与资源节约”的法律法规，造成社会影响；

6 施工扰民造成社会影响；

7 施工现场焚烧废弃物。

【条文解析】

绿色施工是指在保证质量、安全等基本要求的前提下，以人为本，因地制宜，通过科学管理和技术进步，最大限度地节约资源，减少对环境负面影响的施工活动。申请参加绿色施工评价的项目应首先满足国家相关政策和法律及地方性法规的要求，对于发生过质量安全事故导致人员死亡或造成社会不良影响、发生过群体传染病和食物中毒等事故，违反国家和地方环境、资源相关法律和法规且造成社会影响的项目，不具备参评资格或收回已获得的等级认证。

款 1 发生安全生产死亡责任事故。

【实施要点】

绿色施工参评项目的工程质量必须满足规范和工程建设标准的要求，参加绿色施工评价的工程项目在生产过程中不得发生安全生产死亡责任事故，否则不得评为绿色施工合格项目。

根据《安全生产事故报告和调查处理条例》第三条规定，根据生产安全事故（以下简称事故）造成的人员伤亡或者直接经济损失，事故一般分为以下 4 个等级：

（1）一般事故，是指造成 3 人以下死亡，或者 10 人以下重伤（包括急性工业中毒），或者 1000 万元以下直接经济损失的事故；

（2）较大事故，是指造成 3 人以上 10 人以下死亡，或者 10 人以上 50 人以下重伤（包括急性工业中毒），或者 1000 万元以上 5000 万元以下直接经济损失的事故；

（3）重大事故，是指造成 10 人以上 30 人以下死亡，或者 50 人以上 100 人以下重伤（包括急性工业中毒），或者 5000 万元以上 1 亿元以下直接经济损失的事故；

（4）特别重大事故，是指造成 30 人以上死亡，或者 100 人以上重伤（包括急性工业中毒），或者 1 亿元以上直接经济损失的事故。

国务院安全生产监督管理部门可以会同国务院有关部门制定事故等级划分的补充性规定。

根据《中华人民共和国安全生产法》第九十五条规定，生产经营单位的主要负责人未履行本法规定的安全生产管理职责，导致发生生产安全事故的，由应急管理部门依照下列规定处以罚款：

（1）发生一般事故的，处上一年年收入百分之四十的罚款；

（2）发生较大事故的，处上一年年收入百分之六十的罚款；

（3）发生重大事故的，处上一年年收入百分之八十的罚款；

（4）发生特别重大事故的，处上一年年收入百分之一百的罚款。

【评价方法】

核查以下文件及内容：

（1）检查事故记录；

（2）建设单位及监理单位的证明资料。

款 2 发生工程质量事故或由质量问题造成不良社会影响。

【实施要点】

绿色施工参评项目的工程质量必须满足规范和工程建设标准的要求，工程项目应满足使用要求和使用功能。如因施工质量问题而造成质量事故或者因质量问题引发不良社会影响的工程项目不得评为绿色施工合格项目。

根据《工程质量事故处罚条例》第三条规定，工程质量事故可按事故造成的损失程度、事故责任进行分类。

按事故责任，工程质量事故可分为以下三个等级：

（1）指导责任事故：指在施工过程中，由于工程指导或领导失误而造成的质量事故；

（2）操作责任事故：指在施工过程中，由于操作者不按规程或标准实施操作，而造成的质量事故；

（3）自然灾害事故：指由于突发的严重自然灾害等不可抗力因素造成的质量事故。

【评价方法】

核查以下文件及内容：

（1）检查事故记录；

（2）建设单位及监理单位的证明资料。

款3 发生群体传染病、食物中毒等责任事故。

【实施要点】

绿色施工参评项目必须满足规范相关安全管理规定，如在生产和施工作业中违反有关安全管理规定，因管理不善、工作疏忽而发生群体传染病、食物中毒等责任事故的工程项目不得评为绿色施工合格项目。

根据《国家食品安全事故应急预案》的规定，其中食品安全事故是指食物中毒、食源性疾病、食品污染等源于食品，对人体健康有危害或者可能有危害的事故。食品安全事故共分四级，即特别重大食品安全事故、重大食品安全事故、较大食品安全事故和一般食品安全事故。事故等级的评估核定，由卫生行政部门会同有关部门依照有关规定进行。

【评价方法】

核查以下文件及内容：

（1）检查事故记录；

（2）建设单位及监理单位的证明资料。

款4 施工中因“环境保护与资源节约”问题被政府管理部门处罚。

【实施要点】

绿色施工参评项目必须满足工程项目所在地的“环境保护与资源节约”管理的相关条例，如因发生违反国家和地方污染物排放标准、使用被淘汰的高耗能工艺和设备、施工过程影响当地生态环境等情况并被政府管理部门处罚的工程项目不得评为绿色施工合格项目。

根据《建设项目环境保护管理条例》第一章第三条、第四条规定，建设产生污染的建设项目，必须遵守污染物排放的国家标准和地方标准；在实施重点污染物排放总量控制的区域内，还必须符合重点污染物排放总量控制的要求。工业建设项目应当采用能耗物耗小、污染物产生量少的清洁生产工艺，合理利用自然资源，防止环境污染和生态破坏。

根据《中华人民共和国环境保护法》第六章第六十条规定，企业事业单位和其他生产经营者超过污染物排放标准或者超过重点污染物排放总量控制指标排放污染物的，县级以上人民政府环境保护主管部门可以责令其采取限制生产、停产整治等措施；情节严重的，报经有批准权的人民政府批准，责令停业、关闭。

根据《中华人民共和国节约能源法》第七十一条规定，使用国家明令淘汰的用能设备或者生产工艺的，由管理节能工作的部门责令停止使用，没收国家明令淘汰的用能设备；情节严重的，可以由管理节能工作的部门提出意见，报请本级人民政府按照国务院规定的权限责令停业整顿或者关闭。

根据《中华人民共和国节约能源法》第七十九条规定，建设单位违反建筑节能标准的，由建设主管部门责令改正，处二十万元以上五十万元以下罚款。设计单位、施工单位、监理单位违反建筑节能标准的，由建设主管部门责令改正，处十万元以上五十万元以下罚款；情节严重的，由颁发资质证书的部门降低资质等级或者吊销资质证书；造成损失的，依法承担赔偿责任。

【评价方法】

核查以下文件及内容：

建设单位及监理单位的证明资料。

款5 违反国家有关“环境保护与资源节约”的法律法规，造成社会影响。

【实施要点】

绿色施工参评项目必须遵守国家有关“环境保护与资源节约”的法律法规，如发生违反国家有关“环境保护与资源节约”的法律法规，并造成社会不良影响的工程不得评为绿色施工合格项目。

根据《中华人民共和国环境保护法》第二十五条规定，企业事业单位和其他生产经营者违反法律法规规定排放污染物，造成或者可能造成严重污染的，县级以上人民政府环境保护主管部门和其他负有环境保护监督管理职责的部门，可以查封、扣押造成污染物排放的设施、设备。

【评价方法】

核查以下文件及内容：

建设单位及监理单位的证明资料。

款6 施工扰民造成社会影响。

【实施要点】

绿色施工参评项目必须严格遵守工程项目所在地城市管理条例和施工管理规范，应采取有效措施控制扬尘、噪声、垃圾排放、强光等，防止对周围居民的生活产生干扰，如发生因施工扰民被举报并被处罚的工程项目不得评为绿色施工合格项目。

根据《中华人民共和国治安管理处罚法》第五十八条规定，违反关于社会生活噪声污染防治的法律规定，制造噪声干扰他人正常生活的，处警告；警告后不改正的，处二百元以上五百元以下罚款。

根据《中华人民共和国环境噪声污染防治法》第三十条规定，在城市市区噪声敏感建筑物集中区域内，禁止夜间进行产生环境噪声污染的建筑施工作业，但抢修、抢险作业和因生产工艺上要求或者特殊需要必须连续作业的除外。因特殊需要必须连续作业的，必须有县级以上人民政府或者其有关主管部门的证明。前款规定的夜间作业，必须公告附近居民。

【评价方法】

核查以下文件及内容：

建设单位及监理单位的证明资料。

款7 施工现场焚烧废弃物。

【实施要点】

绿色施工参评项目必须严格遵守工程项目所在地城市管理条例和施工管理规范，不得在施工现场焚烧废弃物及有毒有害物质，如发生此类情形被举报并被处罚的工程项目不得评为绿色施工合格项目。

根据《中华人民共和国大气污染防治法》第一百一十九条规定，在人口集中地区和其他依法需要特殊保护的区域内，焚烧沥青、油毡、橡胶、塑料、皮革、垃圾以及其他产生有毒有害烟尘和恶臭气体的物质的，由县级人民政府确定的监督管理部门责令改正，对单位处一万元以上十万元以下的罚款，对个人处五百元以上二千元以下的罚款。

【评价方法】

核查以下文件及内容：

建设单位及监理单位的证明资料。

3.3.4 图纸会审应包括绿色施工内容。

【条文解析】

图纸会审是指工程各参建单位（建设单位、监理单位、施工单位等相关单位）在收到施工图审查机构审查合格的施工图设计文件后，在设计交底后进行全面细致地熟悉和审查施工图纸的活动。在图纸会审的工作流程中，应安排专门的绿色施工相关设计的会审和交底环节，各单位相关人员应熟悉绿色施工的相关设计内容和要点，建设单位应及时主持召开图纸会审会议，组织监理单位、施工单位等相关人员进行图纸会审，并整理成会审问题清单，由建设单位在设计交底前约定的时间提交设计单位。图纸会审由施工单位整理会议纪要，与会各方签字。

【实施要点】

通过图纸会审工作应明确安排绿色施工审查环节。通过图纸会审，修改不适合绿色施工的设计内容，使工程设计更符合绿色施工的要求，解决工程设计方案与绿色施工的矛盾。

【评价方法】

核查以下文件及内容，现场应检查资料的真实性和技术措施的落实情况：

（1）图纸会审工作关于绿色施工的审查内容、结论和改进意见；

（2）针对图纸会审工作中改进意见的反馈资料。

3.3.5 施工单位应进行施工图、绿色施工组织设计和绿色施工方案的优化。

【条文解析】

施工总承包作为绿色施工的主要责任单位，通过绿色施工组织设计和绿色施工方案的优化，达到绿色施工的管理目标和策划要求，在保证施工质量和安全的前提下，最大限度地节约资源和减少环境影响。

【实施要点】

采用新技术、新工艺优化绿色施工组织设计和绿色施工方案，优化后的施工组织设计和施工方案应满足绿色施工的要求；通过优化，淘汰传统落后的施工工艺以提高绿色施工实效；采用先进的施工设备，提高机械利用率，减少工人的劳动强度，保证人员健康；通过优化，合理组织材料进场，避免二次搬运，减少材料库存损失，降低施工投入。

【评价方法】

核查以下文件及内容，现场应检查资料的真实性和技术措施的落实情况：

（1）优化后的施工图、绿色施工组织设计和绿色施工方案；

（2）施工图、绿色施工组织设计和绿色施工方案优化前后的绿色施工成效分析文件。

3.4 评价框架体系

3.4.1 工程项目绿色施工评价应在绿色施工影响因素分析的基础上，依据绿色施工策划文件，对工程实施过程进行评价。

【条文解析】

绿色施工评价应建立在对参评项目绿色施工影响因素评价的基础上进行。全面掌握工程项目绿色施工的潜在风险点和风险源，根据绿色施工策划文件中绿色施工目标的描述，公正、客观地对工程实施过程进行绿色施工评价，总结绿色施工技术、措施实施和现场管理的经验和教训，推动建筑行业的绿色施工可持续发展。

本条重点强调在绿色施工前，必须对绿色施工影响因素进行调查、分析、确定实施内容后，并且体现在策划文件中，才能依据本标准对工程项目实施过程进行评价。

3.4.2 绿色施工评价框架体系应由基本规定评价、指标评价、要素评价、批次评价、阶段评价、单位工程评价及评价等级划分等构成，绿色施工评价依此顺序进行。

【条文解析】

建筑工程绿色施工评价框架体系见图3-1，市政工程的阶段划分有所不同，参照本标准表8.0.8-2。

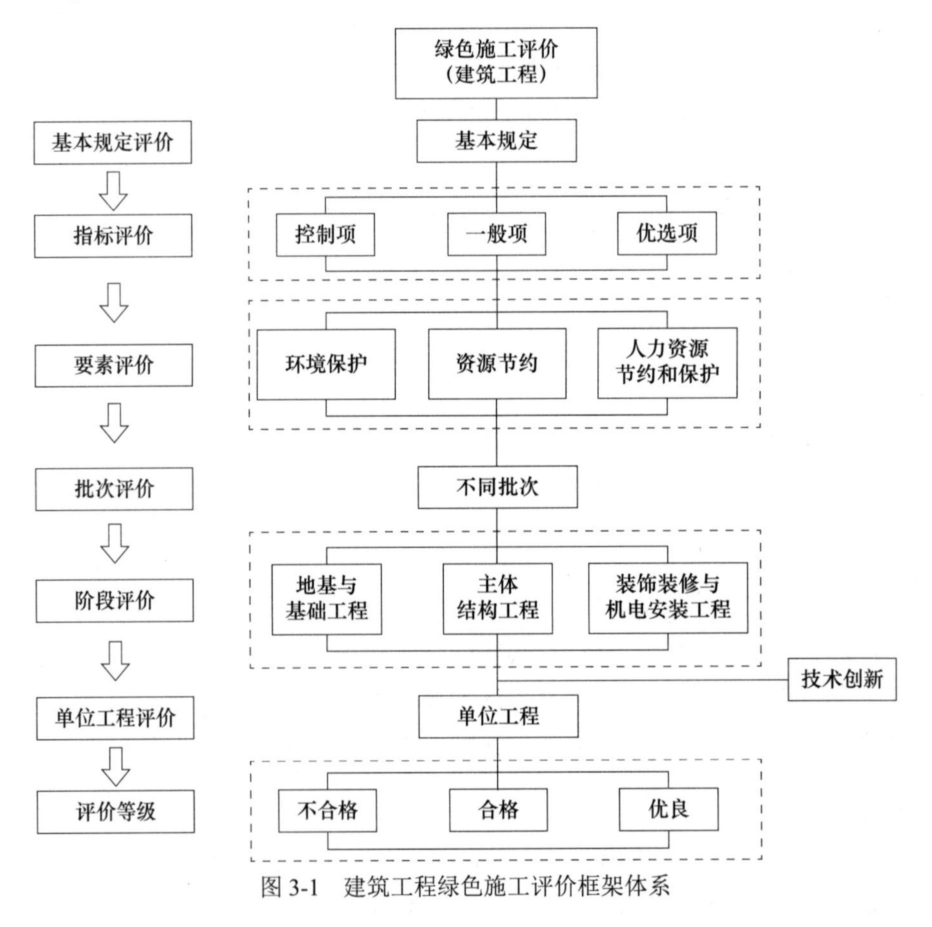

图3-1 建筑工程绿色施工评价框架体系

3.4.3 基本规定评价应对绿色施工策划、管理要求的条款进行评价。

【条文解析】

本条是对基本规定评价提出的具体要求，其中基本规定章节中条款评价都应对“符合性、可靠性、可行性”进行评价。详见本标准附录 A 基本规定评价。

3.4.4 指标评价应对控制项、一般项和优选项的条款进行评价。

【条文解析】

指标评价包括了控制项、一般项和优选项三项，鼓励施工企业和项目部积极进行绿色施工技术创新实践，自主进行量化统计，提高机械化程度，助力新技术的应用与推广。

3.4.5 要素评价应在指标评价的基础上，对环境保护、资源节约、人力资源节约和保护三个要素分别进行评价。

【条文解析】

要素评价均包含控制项、一般项和优选项三类指标。针对不同地区或工程应进行评价要素分析，对指标进行增减，并列入相应要素进行评价。

3.4.6 批次评价应在要素评价的基础上随工程进度分批进行评价。

【条文解析】

绿色施工评价着眼于施工全过程，随施工进度分批次对绿色施工的各要素进行评价，评价工作由施工单位组织，批次评价结果和整改意见需由评价负责人和相关责任人签字确认，过程评价资料应归档保存，以备查验。每个季度至少完成一次批次评价。

3.4.7 阶段评价应在批次评价的基础上进行，阶段划分应符合下列规定：

1 建筑工程：地基与基础工程，主体结构工程，装饰装修与机电安装工程；

2 市政工程的划分应符合下列规定：

1）道桥工程应划分为：地基与基础工程，结构工程，桥（路）面及附属设施工程；

2）矿山法施工的隧道工程应划分为：开挖，衬砌与支护，附属设施工程；

3）盾构法施工的隧道工程应划分为：始发与接收，掘进与衬砌，附属设施工程；

4）管线工程应划分为：定位，安装，测试与联网。

【条文解析】

新修订的标准拓展了适用范围，将市政工程纳入评价范围之中，新增了市政工程绿色施工相关评价指标。阶段评价在批次评价的基础上进行，对建筑工程和市政工程的阶段划分进行重新定义和认定。在批次评价的过程中，明确项目所处的施工阶段，围绕要素评价所规定的要素进行评价，突出所处阶段的技术、管理及现场的特点，重视实施效果的量化评价。

本次修订将市政工程纳入绿色施工评价范围，在阶段评价中道桥工程划分为：地基与基础工程，结构工程，桥（路）面及附属设施工程三个阶段；隧道工程（矿山法施工）划分为：开挖，衬砌与支护，附属设施工程三个阶段；盾构法施工的隧道工程划分为：始发与接收，掘进与衬砌，附属设施工程三个阶段。评价工作应根据不同市政工程、不同施工方法、不同施工阶段组织整理资料，充分分析及描述本阶段的绿色施工重点和难点工作，重点介绍本工程在施工技术和措施方面的创新点和效益评价，在汇总批次资料的基础上进行绿色施工阶段评价。

3.4.8 单位工程评价应在阶段评价的基础上进行，评价等级划分应分为不合格、合格和优良三个等级。

【条文解析】

单位工程评价在批次评价和阶段评价资料完整的前提下进行，是对单位工程整体绿色施工水平的评价。单位工程绿色施工评价应在单位工程顺利通过验收及备案后进行。单位工程绿色施工等级划分的详细要求见本标准第 8 章评价方法第 8.0.10 条。

4 环境保护评价指标

环境保护是指人类为解决现存或潜在的环境问题，协调人类与环境的关系，保护人类的生存环境，保障经济社会的可持续发展而采取的各种行动的总称，其方法和手段有工程技术方面的、行政管理方面的，也有经济方面的、宣传教育等方面的。施工是指建设工程按计划将施工图物化的活动，现阶段主要指建设工程按现行标准规范的规定和设计文件的要求，对建设工程进行新建、扩建、改建的活动。

施工这种行为势必会对建设工程所处的环境带来影响，有些影响会随着施工活动的终止而消失，例如施工扬尘、施工噪声；而有些影响一旦发生将不可逆或很长时间内难以消除，如施工水土污染。无论哪一种影响都将降低建筑工程周边的环境质量，也会干扰施工现场周边的居民，我们称之为施工带来的环境负面影响。如何在保证建筑工程质量、安全的前提下，尽可能减少施工对环境造成的负面影响是绿色施工的宗旨。

本章针对施工过程，从管理、技术、宣传、教育以及创新等方面提出要求，目的是降低施工中扬尘、噪声、废气、光、污水以及固体废弃物等污染的危害，从而达到减少施工对环境造成的负面影响的目的。

4.1 控 制 项

4.1.1 绿色施工策划文件中应包含环境保护内容，并建立环境保护管理制度。

【条文解析】

本条对绿色施工策划文件中环境保护内容提出要求。环境保护是绿色施工的重中之重，施工过程中，如何在保证建筑工程质量、安全的前提下，因地制宜地采取措施，尽可能减少施工对环境的负面影响是绿色施工的主要目标之一。绿色施工策划文件是绿色施工的纲领性文件，它是用于指导绿色施工的组织与管理、准备与实施、控制与协调、资源的配置与使用等的全面性的技术、经济文件，是对绿色施工活动的全过程进行科学管理的重要手段。为了确保施工过程中对各类污染物实现“源头减少数量、中途有效控制、末端降低危害”的目标，从而降低污染对环境和人员的影响，在绿色施工策划文件中纳入环境保护内容非常必要。

【实施要点】

施工企业为了达到绿色施工制订的相关环境保护目标，在充分调查施工现场周边环境及工程实际情况、企业自身能力等基础之上，遵循一定的方法或者规则，对未来施工过程中可能发生的环境影响事件进行系统、周密、科学地预测并针对施工过程中可能产生的扬尘、污水、固体废弃物、废气、噪声、光污染等制订合理的控制措施，同时为了确保方案和措施的有效实施，建立配套的环境保护管理制度。

【评价方法】

核查以下文件及内容，现场检查时核查相关措施、制度执行情况：

（1）绿色施工组织设计、绿色施工方案和绿色施工技术交底等策划文件中环境保护的内容；

（2）环境保护管理制度。

4.1.2 *施工现场应在醒目位置设置环境保护标识。*

【条文解析】

施工现场醒目位置是指主入口、主要临街面、有毒有害物品存放地以及受施工污染影响的区域等。环境保护标识是指利用文字、图案、色彩等制作的、与环境保护相关的标识标牌，其具有标记、信息传达等功能。施工现场环境保护标识主要有：环保设施标识如污水排放口、噪声排放源标识等；环保提示标识如节水标识、节电标识等；为宣传环保制作的板报、宣传牌等。绿色施工主要是通过设置环境保护标识来起到标记、警示、宣传等作用。

【实施要点】

对施工现场中需要进行环境保护标识设置的区域和地点进行识别，并根据不同施工阶段、不同施工内容进行标识策划，策划内容主要包括环境保护标识的设置位置、每个位置环境标识的具体内容等，施工中严格按策划实施。

【评价方法】

核查以下文件及内容，现场检查时对施工现场环境保护标识的设置进行核查，主要核查设置位置和数量是否合理、标识是否起到警示、提醒和宣传作用等：

（1）绿色施工组织设计、绿色施工方案和绿色施工技术交底等策划文件中环境保护标识设置的相关内容；

（2）现场照片或影像资料。

4.1.3 *施工现场的古迹、文物、树木及生态环境等应采取有效保护措施，制订地下文物保护应急预案。*

【条文解析】

古迹是指先民在历史、文化、建筑、艺术上的具体遗产或遗址。包含古建筑、传统聚落、古市街、考古遗址及其他历史文化遗迹等。文物是人类在社会活动中遗留下来的，具有历史、艺术、科学价值的遗物和遗迹；树木是木本植物的总称，在本条内特指施工影响范围内已成年的大树和珍贵苗木等；生态环境是指影响人类生存与发展的水资源、土地资源、生物资源以及气候资源数量与质量的总称，在本条内特指施工现场周边的水环境、土地环境、生物环境以及大气环境等。古迹、文物、树木及生态环境等都属于被保护对象，应根据有关政策在施工全过程中予以保护。

《中华人民共和国文物保护法》第二十九条规定：进行大型基本建设工程，建设单位应当事先报请省、自治区、直辖市人民政府文物行政部门组织从事考古发掘的单位在工程范围内有可能埋藏文物的地方进行考古调查、勘探。考古调查、勘探中发现文物的，由省、自治区、直辖市人民政府文物行政部门根据文物保护的要求会同建设单位共同商定保护措施；遇有重大发现的，由省、自治区、直辖市人民政府文物行政部门及时报国务院文物行政部门处理。

【实施要点】

（1）开工前应对施工影响范围内的古迹、文物、树木进行识别，依照相关管理办法和标准规范编制保护方案，报请当地主管部门批准后在施工中严格遵照实施；

（2）开工前应对施工影响范围内的水土环境（包括生态水体、地下水等）、生物环境（是否为珍贵动植物保护区）、大气环境（空气中 $PM_{2.5}$ 和 PM_{10} 含量要求等）进行识别，针对识别结果编制保护方案，必要时报请当地主管部门批准后在施工中严格遵照实施；

（3）对可能存在地下文物的施工场地，如历史名城或周边出现过地下文物的区域等，开工前应编制《地下文物保护应急预案》，预案内容包括但不限于文物保护的基本原则、组织机构、发现文物处理流程和相关纪律要求等。实际施工中如发现文物要严格按《地下文物保护应急预案》和《中华人民共和国文物保护法》的相关规定执行。

【评价方法】

核查以下文件及内容，现场检查时对照方案核实相关保护措施落实情况：

（1）绿色施工组织设计、绿色施工方案和绿色施工技术交底等策划文件中施工影响范围内古迹、文物、树木及生态环境识别记录和保护措施等相关内容（也可单独编制保护方案）；

（2）对可能存在地下文物的施工项目，核查《地下文物保护应急预案》编制及审核情况；

（3）现场照片或影像资料。

4.2 一 般 项

4.2.1 扬尘控制包括下列内容：

1 现场建立洒水清扫制度，配备洒水设备，并有专人负责；

2 对裸露地面、集中堆放的土方采取抑尘措施；

3 现场进出口设车胎冲洗设施和吸湿垫，保持进出现场车辆清洁；

4 易飞扬和细颗粒建筑材料封闭存放，余料回收；

5 拆除、爆破、开挖、回填及易产生扬尘的施工作业有抑尘措施；

6 高空垃圾清运采用封闭式管道或垂直运输机械；

7 遇有六级及以上大风天气时，停止土方开挖、回填、转运及其他可能产生扬尘污染的施工活动；

8 现场运送土石方、弃渣及易引起扬尘的材料时，车辆采取封闭或遮盖措施；

9 弃土场封闭，并进行临时性绿化；

10 现场搅拌设有密闭和防尘措施；

11 现场采用清洁燃料。

【条文解析】

施工扬尘是大气污染源之一，2018 年国务院发布了《国务院关于印发打赢蓝天保卫战三年行动计划的通知》（国发〔2018〕22 号），要求采取各种措施进一步降低细颗粒物（$PM_{2.5}$）浓度。并提出了“加强扬尘综合治理，严格施工扬尘监管”，对减少施工扬尘措施提出了“六个百分之百”：工地周边百分之百围挡、物料堆放百分之百覆盖、土方开挖百分之百湿法作业、路面百分之百硬化、出入车辆百分之百清洗、渣土车辆百分之百密闭运输。

施工扬尘对城市 PM_{10} 的贡献率达 10%～15%。施工扬尘源包括路面施工、拆除爆破、土方开挖、车辆运输、切割打磨、焊接喷涂、砌体抹灰、装饰装修、材料堆放、垃圾搬运等。针对不同的扬尘源，采取不同的控制措施，才能有效地抑制扬尘产生。减少施工扬尘，是治理大气污染的重要环节之一。

本条包含施工现场扬尘控制的 11 款要求，分别从管理制度、现场布置、技术措施、施工行为等多方面对减少扬尘污染提出要求，施工中应结合实际情况，以减少扬尘产生和降低扬尘影响为目的，全部或部分采取这 11 款措施，同时也鼓励施工单位根据工程具体情况，积极采取这 11 款之外的扬尘控制措施。

款 1　现场建立洒水清扫制度，配备洒水设备，并有专人负责。

【实施要点】

施工现场产生扬尘的因素很多，有表面积尘负荷、风速、积尘含水率等。道路洒水清扫可以增加积尘含水率，降低积尘负荷，达到减少道路扬尘的目的。洒水清扫的间隔对道路扬尘控制起到关键的作用，应该根据场地作业、道路运输等情况，配备适宜的洒水清扫工具，调整洒水清扫间隔，控制道路扬尘。

项目部应制定洒水清扫制度，配备专人负责制度落实，现场做好洒水清扫记录，记录表格参见表 4-1。现场可选择性地保存有关洒水清扫过程及效果的图片等。

表 4-1　×××项目现场洒水清扫记录表

日期	时间	主要施工作业	洒水清扫区域	洒水清扫设备	执行人
2022 年 11 月 5 日	10 : 30	3 层楼面混凝土	办公楼前坪	洒水车	×××
……	……	……	……	……	……

【评价方法】

核查以下文件及内容，现场检查时查看洒水降尘效果和洒水清扫设备配备情况：

（1）洒水清扫设备购置及领用记录；

（2）洒水清扫制度；

（3）现场洒水清扫记录表；

（4）现场照片或影像资料。

款 2　对裸露地面、集中堆放的土方采取抑尘措施。

【实施要点】

施工现场裸露地面是指场地范围内既没有进行硬化处理也没有绿化覆盖的土地，集中堆放的土方是指场地内划分出来作为临时堆土场上堆放的土方。裸露地面、集中堆放的土方均属于场地内容易产生扬尘的位置，目前针对这些位置成熟的抑尘措施是：覆盖、种植花草和喷洒抑尘剂。

本款的实施要点是对施工现场裸露地面、集中堆放的土方进行识别，结合当地地理、气候等环境特征以及地面裸露和土方堆放的时间选取适宜的抑尘措施进行扬尘控制，一般情况下，短期裸露地面和堆放的土方可采取覆盖的抑尘措施，较长时间裸露地面和堆放的土方可采取种植花草或喷洒抑尘剂的抑尘措施。

【评价方法】

核查以下文件及内容，现场检查时结合施工总平面布置图、现场裸露地面、集中堆放的土方识别记录表（表4-2）核查现场裸露地面、集中堆放的土方采取的抑尘措施：

（1）现场裸露地面、集中堆放的土方识别记录表；

（2）标注清楚现场裸露地面、集中堆放的土方位置的施工总平面布置图（如有动态布置，则提供多张布置图）；

（3）现场照片或影像资料。

表4-2 ×××项目现场裸露地面、集中堆放的土方识别记录表

名称	位置	裸露（堆放）预计时间	拟采取的抑尘措施
裸露地面	现场东南角，宿舍后面空地	从开工到竣工	种植花草
集中堆放土方	现场北面空地	基坑开挖到回填	覆盖
……	……	……	……

注：1. 标注清楚现场裸露地面、集中堆放的土方位置的施工总平面布置图作为本表附件；
2. 根据现场平面动态布置，本表也应相应动态记录。

款3 现场进出口设车胎冲洗设施和吸湿垫，保持进出现场车辆清洁。

【实施要点】

施工现场地面特别是土方施工期间的地面会有大量的积尘，车辆通行时容易随车胎带出现场，造成运输沿路扬尘污染。在现场所有车辆进出口设车胎冲洗设施，必要时设置吸湿垫，其目的是保持进出车辆车胎清洁，不会带泥上路。目前车胎冲洗设施有洗车槽、手动冲洗枪、自动洗车台等，可根据现场情况选用。

【评价方法】

核查以下文件及内容，现场检查时结合施工总平面布置图核查每一个车辆出入口冲洗设施设置情况：

（1）冲洗设施购置（租赁）证明材料或安装施工记录；

（2）现场照片或影像资料。

款4 易飞扬和细颗粒建筑材料封闭存放，余料回收。

【实施要点】

施工现场易飞扬和细颗粒建筑材料主要包括水泥、干混砂浆、保温材料等，这类材料极容易在风力作用下形成扬尘，因此要求封闭存放，如采用水泥罐罐装或封闭仓库存放等；同时，对于每次使用后的余料应制定相关制度确保及时回收，不应在施工现场随意堆放，形成新的扬尘源。

【评价方法】

核查以下文件及内容，现场检查时核查易飞扬和细颗粒建筑材料封闭存放措施及余料回收情况：

（1）绿色施工组织设计、绿色施工方案和绿色施工技术交底等策划文件中对现场易飞扬和细颗粒建筑材料封闭存放措施制订情况；

（2）相关管理制度中关于材料余料及时回收的内容；

（3）现场照片或影像资料。

款5 拆除、爆破、开挖、回填及易产生扬尘的施工作业有抑尘措施。

【实施要点】

拆除，爆破，土方开挖和回填，现场砌块、石材和瓷砖切割等均属于易产生扬尘的施工作业，施工前应对工程各施工阶段易产生扬尘的作业进行识别，分别制订抑尘措施，如拆除、爆破采用混凝土静力爆破技术，土方开挖和回填采用喷雾炮集中降尘，易产生扬尘的施工作业采用封闭施工等，并在施工中予以落实。

【评价方法】

核查以下文件及内容，现场检查时核查易产生扬尘的施工作业抑尘措施：

（1）绿色施工组织设计、绿色施工方案和绿色施工技术交底等策划文件中工程各施工阶段易产生扬尘作业的抑尘措施等相关内容；

（2）现场照片或影像资料。

款6 高空垃圾清运采用封闭式管道或垂直运输机械。

【实施要点】

高空垃圾清运下楼为极易产生扬尘污染的作业之一，绿色施工要求严禁随意抛撒，应采用封闭式垂直管道或利用垂直运输机械转运下楼，而且必须注意的是：利用垂直运输机械转运垃圾应封闭转运、装袋或对转运斗车加以覆盖。

【评价方法】

核查以下文件及内容，现场检查时核查工程高空垃圾清运下楼的扬尘控制措施：

（1）绿色施工组织设计、绿色施工方案和绿色施工技术交底等策划文件中高空垃圾清运下楼措施的相关内容；

（2）现场照片或影像资料。

款7 遇有六级及以上大风天气时，停止土方开挖、回填、转运及其他可能产生扬尘污染的施工活动。

【实施要点】

扬尘污染是极易受风力影响的一类污染，要求在绿色施工组织设计、绿色施工方案和绿色施工技术交底中制订相关管理措施，禁止在大风天气进行土方开挖、回填、转运及其他可能产生扬尘污染的施工活动。值得注意的是，本条的六级及以上大风天气仅供参考，在某些地区四级大风天气就可能造成扬尘污染，因此，大风天气的定义应结合当地具体情况在相关绿色施工策划文件中予以明确。

【评价方法】

核查以下文件及内容：

（1）绿色施工组织设计、绿色施工方案和绿色施工技术交底等策划文件中有关大风天气禁止扬尘施工作业的规定内容；

（2）结合施工日志核查施工中执行情况。

款8 现场运送土石方、弃渣及易引起扬尘的材料时，车辆采取封闭或遮盖措施。

【实施要点】

尽可能减少施工为环境带来的负面影响是绿色施工的基本原则，进行土石方、弃渣及易引起扬尘的材料运送时应采取封闭的车辆，如无法满足封闭要求，至少应采取遮盖措施，防止运输过程中对沿途造成扬尘污染。对于委托运输，应在相关合同中明确提出要求采取封闭的车辆或遮盖的相关措施。

【评价方法】

核查以下文件及内容：

（1）绿色施工组织设计、绿色施工方案和绿色施工技术交底等策划文件中对土石方、弃渣及易引起扬尘的材料运输车辆提出的封闭或遮盖要求；

（2）运输合同中关于运输车辆封闭或遮盖要求；

（3）现场照片或影像资料。

款9 弃土场封闭，并进行临时性绿化。

【实施要点】

本款所指弃土场为施工单位自建弃土场。针对弃土场土方采取的扬尘控制措施，通常情况下，要求对弃土场进行封闭并在土方转运完成后及时采取绿化措施进行水土保护。对于不是极短时间内马上需要再堆土或开挖转运的弃土场，不建议使用临时覆盖措施进行抑尘。

【评价方法】

核查以下文件及内容，现场检查时核查施工弃土场的扬尘控制措施：

（1）绿色施工组织设计、绿色施工方案和绿色施工技术交底等策划文件中对弃土场扬尘控制措施的制订情况；

（2）自建弃土场的审批证明；

（3）现场照片或影像资料。

工程无自建弃土场时本款不参评。

款10 现场搅拌设有密闭和防尘措施。

【实施要点】

虽然目前国家在大力推广使用预拌混凝土和预拌砂浆，但在现场进行混凝土及砂浆的搅拌仍不可完全避免。当在现场进行搅拌时（包括泡沫混凝土和干混砂浆等）应采取相关的防尘措施，包括搭设防尘棚、进料口设防尘罩以及喷雾降尘等。

【评价方法】

核查以下文件及内容，现场检查时核查现场搅拌的扬尘控制措施：

（1）绿色施工组织设计、绿色施工方案和绿色施工技术交底等策划文件中对现场搅拌的扬尘控制措施制订情况；

（2）现场照片或影像资料。

当无现场搅拌时，本款视为满足要求。

款11 现场采用清洁燃料。

【实施要点】

清洁燃料是指燃烧时不产生对人体和环境有害，或有害物质十分微量的物质，如天然气、液化石油气、清洁煤气、醇醚燃料（甲醇、乙醇、二甲醚等）、生物燃料、氢燃料等。现场不应使用煤、废弃模板木方等燃烧时会产生大量有害物质的燃料。

【评价方法】

核查以下文件及内容，现场检查时核查现场燃料使用情况：

（1）核查燃料采购及供应证明材料；

（2）现场照片或影像资料。

使用煤、废弃模板木方等燃烧时会产生大量有害物质的燃料，本款判定为不满足要求。

4.2.2 废气排放控制应包括下列内容：

1 施工车辆及机械设备废气排放符合国家年检要求；

2 现场厨房烟气净化后排放；

3 在环境敏感区域内的施工现场进行喷漆作业时，设有防挥发物扩散措施。

【条文解析】

废气是指在一般或一定条件下有损人体健康，或危害作业安全的气体，包括有毒气体、可燃性气体和窒息性气体。废气会对人或动物的健康产生不利影响，或者说对人或动物的健康虽无影响，但会使人或动物感到不舒服。

施工废气产生的主要原因有：一是建筑施工中各种施工机械以及运输车辆所产生的尾气；二是由于钢筋、钢结构焊接所产生的有毒有害烟气；三是在使用建筑用有机溶剂如脱模剂所产生的有毒有害气体；四是装饰装修阶段大量建筑装饰装修材料所释放的有毒有害气体；五是在打磨建筑材料如混凝土块、拆除旧建筑所产生的废气烟尘；六是生活区域食堂作业时产生的有害废气；七是生活区卫生间区域所产生的恶臭气体。

本条包含施工现场废气排放控制的 3 款措施，施工中应结合实际情况，以减少废气产生和降低废气影响为目的，认真落实这 3 款措施，同时也鼓励施工单位根据工程具体情况，积极采取这 3 款之外的废气排放控制措施。

款1 施工车辆及机械设备废气排放符合国家年检要求。

【实施要点】

施工车辆包括项目部管理人员车辆、材料设备运输车辆、生活物资运输车辆、垃圾外运车辆等；施工机械设备包括挖土机、装载机、翻斗车、汽车泵、商品混凝土运输车等。要求建立施工车辆及机械设备管理台账，与现场门卫车辆、设备进出场登记表对应，确保所有车辆及机械设备年检有效且废气排放符合要求。车辆及机械设备进出场记录表如表 4-3 所示，施工车辆及机械设备年检登记表如表 4-4 所示。

表 4-3 ××× 项目车辆及机械设备进出场记录表

进场时间	车辆或机械设备名称	车辆牌照或机械设备型号	出场时间	记录人
2019 年 8 月 20 日 上午 10 : 30	私家车	湘 A×××	2019 年 8 月 20 日 上午 11 : 30	×××
2019 年 8 月 20 日 上午 10 : 35	塔式起重机	QTZ63	—	×××
……	……	……	……	……

注：当天没有出场或前期进场当天出场的车辆及机械设备出场或进场时间不填。

表 4-4 ××× 项目施工车辆及机械设备年检登记表

车辆及机械设备名称	车辆牌照或机械设备型号	上次年检时间	年检有效期	年检证明材料	执行人
小轿车	京 A123456	2018 年 6 月 30 日	2020 年 6 月 29 日	附件 1	×××
……	……	……	……	……	……

注：1. 车辆及机械设备年检证明材料作为本表附件；
2. 原则上表 4-3 中出现过的车辆及机械设备在表 4-4 中均应有相关记录。

【评价方法】

核查以下文件及内容，现场检查时抽查现场车辆及机械设备的年检情况：

（1）结合绿色施工组织设计、车辆及机械设备进出场记录等核查施工车辆及机械设备年检登记表；

（2）土石方分包合同、设备租赁合同等现场车辆及机械设备相关合同条款中关于废气排放符合国家年检要求的相关规定。

款 2 现场厨房烟气净化后排放。

【实施要点】

厨房烟气的主要成分是醛、酮、烃、脂肪酸、醇、芳香族化合物、内酯、杂环化合物等。烟气中含有大约 300 种有害物质、DNP 等，其中包含肺部致癌物二硝基苯酚、苯并芘，长时间吸入会使人体组织发生病变。现场厨房应加设烟气净化处理装置，严禁将厨房油烟无处理直接排放。

【评价方法】

核查以下文件及内容，现场检查时查看厨房烟气净化处理装置安装及使用情况：

（1）烟气净化处理装置购买或安装记录；

（2）现场照片或影像资料。

款 3 在环境敏感区域内的施工现场进行喷漆作业时，设有防挥发物扩散措施。

【实施要点】

喷漆工艺通常是指采用压缩空气将油漆从喷枪中雾化喷出，均匀涂布在工件表面的工艺。由于压缩空气的作用，在喷漆过程中会产生大量漆雾，飞溅漂浮在周边空气环境当中，沉降后形成漆渣。漆渣及喷涂过程中产生的有机挥发物（TVOC）是危险固体废弃物和大气污染物。本款所指环境敏感区域包括施工现场地下密闭空间及室内装饰装修作业与管道封闭作业等所产生的有毒有害气体无法快速排出的特定环境。

施工前应对环境敏感区域内喷漆作业进行识别，并针对不同废气制订不同措施，确保作业区及作业人员安全。

【评价方法】

核查以下文件及内容，现场检查时查看喷漆作业时，防挥发物扩散措施执行情况：

（1）绿色施工组织设计、绿色施工方案和绿色施工技术交底等策划文件中对环境敏感区域内进行喷漆作业的识别记录及相应防挥发物扩散措施制订情况；

（2）现场照片或影像资料。

4.2.3 建筑垃圾处置应包括下列内容：

1 制订建筑垃圾减量化专项方案，明确减量化、资源化具体指标及各项措施；

2 装配式建筑施工的垃圾排放量不大于 200t/万m^2，非装配式建筑施工的垃圾排放量不大于 300t/万m^2；

3 建筑垃圾回收利用率达到 30%，建筑材料包装物回收利用率达到 100%；

4 现场垃圾分类、封闭、集中堆放；

5 办理施工渣土、建筑废弃物等排放手续，按指定地点排放；

6 碎石和土石方类等建筑垃圾用作地基和路基回填材料；

7 土方回填不采用有毒有害废弃物；

8 施工现场办公用纸两面使用，废纸回收，废电池、废硒鼓、废墨盒、剩油漆、剩涂料等有毒有害的废弃物封闭分类存放，设置醒目标志，并由符合要求的专业机构消纳处置；

9 施工选用绿色、环保材料。

【条文解析】

建筑垃圾是指新建、扩建、改造及拆除等建筑工程与道路、桥梁和隧道等市政工程施工过程中产生的废物料。施工现场的建筑垃圾由建筑废弃物（建筑垃圾分类后，丧失施工现场回收和利用价值的部分）、施工现场回收和利用的建筑垃圾和运出施工现场交由第三方回收的建筑垃圾三部分组成。

建筑垃圾产生原因分客观和主观原因两种。客观原因如建筑材料包装物，现场非整砌块或面砖造成的切割废料等，一般不可避免；主观原因是施工管理和工艺上造成的疏忽，如质量返工、材料进料及仓储不合理等，一般可通过提升管理水平和技术进步减量或消除。

建筑垃圾的管理是涉及节约材料、减少排放和保护环境的综合性绿色施工管理，因此也是绿色施工的重中之重，在施工中应当特别重视。

本条包含施工现场建筑垃圾处置的 9 款要求，主要从建筑垃圾的源头减量、无害处理和再生利用三个方面进行约束。施工中应结合实际情况，以减少建筑垃圾产生、降低有害垃圾影响和尽可能再生利用为目的，认真落实执行这 9 款措施，同时也鼓励施工单位根据工程具体情况，积极采取这 9 款之外的建筑垃圾处置措施。

款 1 制订建筑垃圾减量化专项方案，明确减量化、资源化具体指标及各项措施。

【实施要点】

应结合工程实际情况对施工中可能产生的建筑垃圾种类进行识别，根据识别结果制订建筑垃圾减量、分类回收、现场再利用及运出施工现场交由第三方回收等措施。其中减量措施应包含管理措施和技术措施两部分；分类回收应结合再利用措施制订，如按金属类、木质类、混凝土类、石材、面砖类等分类进行回收再利用；现场再利用应结合工程和施工现场实际情况制订相应措施，如利用混凝土余料浇筑混凝土零星构件、短钢筋焊接临时设施排水沟盖板等；运出施工现场交由第三方回收应由具有相关资质的第三方回收并签署相关回收合同。

将上述识别结果及措施编制成项目建筑垃圾减量化专项方案，并在方案中明确减量化和资源化的具体指标，如每万m^2建筑面积建筑垃圾产量上限值、现场建筑垃圾回收利用率等。

【评价方法】

核查以下文件及内容，现场检查时查看现场建筑垃圾分类回收及再利用情况：

（1）建筑垃圾减量化专项方案，并核查专项方案中关于建筑垃圾减量化、资源化的具体指标及各项措施；

（2）现场照片或影像资料。

款2 装配式建筑施工的垃圾排放量不大于200t/万m^2，非装配式建筑施工的垃圾排放量不大于300t/万m^2。

【实施要点】

对现场产生的建筑垃圾进行统计，保留相关统计记录，控制施工现场装配式建筑施工全过程的垃圾排放量不大于200t/万m^2，非装配式建筑施工的垃圾排放量不大于300t/万m^2。在实际实施过程中，宜按施工阶段将上述目标进行分解，便于操作。

注意上述指标是针对建筑工程提出的，对于市政工程，因为其种类的多样性导致建筑垃圾产量差别较大，目前尚无可参考的指标数据，本款在执行过程中，对于市政工程参考表4-5～表4-8进行了现场建筑垃圾统计，且统计数据基本合理，则判定为满足要求。

表4-5　×××项目建筑垃圾现场再利用统计表

建筑垃圾种类	现场再利用用途	再利用用量	计算书	记录人
混凝土	破碎后作临时道路路基	0.3m^3	附件4-5-1	×××
短钢筋	办公室门口沟盖板	0.1t	附件4-5-2	×××
……	……	……	……	……

注：单次利用量的计算书和相关附图作为本表附件；表4-5统计数据计入表4-8中。

表4-6　×××项目建筑垃圾第三方回收再利用统计表

建筑垃圾种类	本次回收企业	本次回收数量	相关回收单据	记录人
短钢筋	×××回收公司	0.5t	附件4-6-1	×××
……	……	……	……	……

注：1. 第三方回收企业的资质证明材料和委托回收合同作为本表附件；
2. 单次回收往来单据作为本表附件；
3. 表4-6统计数据计入表4-8中。

表4-7　×××项目建筑垃圾外运统计表

时间	本次外运数量	负责运输公司	记录人
2019年8月20日　下午10:20	10t	×××公司	×××
……	……	……	……

注：1. 运输公司委托合同作为本表附件；
2. 当次外运数量双方认可单据作为本表附件；
3. 表4-7统计数据计入表4-8中。

表 4-8　×××项目现场建筑垃圾统计表

施工阶段	日期	类别	明细	单次吨数（t）	累计吨数（t）			④总累计（t）	目标值（t）	记录人
					①	②	③			
地基与基础	2019 年 11 月 5 日	①	混凝土现场再利用	0.3	0.3			0.3	30	×××
	2019 年 11 月 5 日	②	钢筋第三方收购	0.15		0.15		0.45	30	×××
	2019 年 11 月 5 日	③	建筑垃圾外运	5			5	5.45	30	×××
	……									
	小计									
主体结构	年　月　日									
	年　月　日									
	……									
	小计									
装饰装修与机电安装	年　月　日									
	年　月　日									
	……									
	小计									

注：1. 表 4-8 中①类表示现场再利用的建筑垃圾（表 4-5 所包含内容）；②类表示第三方回收再利用的建筑垃圾（表 4-6 所包含内容）；③类表示外运的建筑垃圾（表 4-7 所包含内容），①+②+③=④，④为建筑垃圾总量；
2. 不包括土方开挖阶段外运渣土；
3. 拆除深基坑混凝土内支撑产生的混凝土类建筑垃圾应单独统计，不计入每万 m^2 建筑垃圾的产量；
4. 严禁为减少建筑废弃物的排放而将建筑垃圾直接回填。

【评价方法】

核查以下文件及内容，现场检查时查看现场建筑垃圾分类回收及再利用情况：

（1）建筑垃圾现场再利用统计表（表 4-5）及相关计算书；

（2）建筑垃圾第三方回收再利用统计表（表 4-6）及第三方回收企业资质证明、委托回收合同和双方往来台账；

（3）建筑垃圾外运统计表（表 4-7）及运输公司委托合同、双方往来台账；

（4）现场建筑垃圾统计表（表 4-8）及根据该表计算的每万 m^2 建筑垃圾产量；

（5）现场照片或影像资料。

款 3　建筑垃圾回收利用率达到 30%，建筑材料包装物回收利用率达到 100%。

【实施要点】

施工中产生的建筑垃圾应采取措施尽可能再利用，再利用分现场再利用和运出现场交由第三方回收再利用两种。其中现场再利用建筑垃圾根据直接利用还是加工后利用可分为直接再利用和加工后再利用两种，直接再利用如短钢筋用来焊接地沟盖板等，加工后再利用如混凝土类建筑垃圾粉碎后用于制砖等；根据用途可分为用于建筑本体的永久性再利用和用于临时设施的临时性再利用，用于建筑本体的永久性再利用如利用混凝土类建筑垃圾制成成品砌体，用于地下室隔墙砌筑等；用于临时设施的临时性再利用如利用短钢筋头和零星混凝土浇筑装配式混凝土临时路面等，用于临时设施的临时性再利用宜采取措施增加相关设施的可周转性，使相关设施可在多个工地周转使用。建筑垃圾回收再利用示意图如图 4-1 所示。

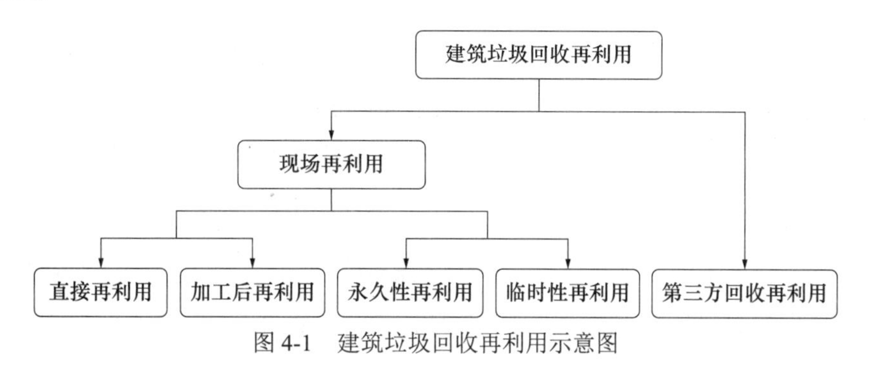

图 4-1 建筑垃圾回收再利用示意图

建筑垃圾回收再利用率可按下式进行计算：

回收再利用率＝［（现场再利用量＋第三方回收再利用量）/ 建筑垃圾总量］×100%

其中建筑垃圾总量可按下列方式统计：

建筑垃圾总量④＝现场再利用量①＋第三方回收再利用量②＋外运量③，①、②、③、④见表 4-8。拆除深基坑混凝土内支撑产生的混凝土类建筑垃圾在计算建筑垃圾回收再利用率时应参与统计。

建筑材料包装物作为一类特殊的建筑垃圾，因为其一般为纸质、塑料或木质等具有可回收可循环特性的材料，所以要求 100% 进行回收和再利用。

【评价方法】

核查以下文件及内容，现场检查时查看现场建筑垃圾分类回收及再利用情况：

（1）建筑垃圾现场再利用统计表（表 4-5）及相关计算书；

（2）建筑垃圾第三方回收再利用统计表（表 4-6）及第三方回收企业资质证明、委托回收合同、双方往来台账；

（3）建筑垃圾外运统计表（表 4-7）及运输公司委托合同、双方往来台账；

（4）现场建筑垃圾统计表（表 4-8）及根据该表计算的建筑垃圾回收利用率；

（5）绿色施工组织设计、绿色施工方案和绿色施工技术交底等策划文件中对建筑材料包装物回收利用率的相关要求；

（6）现场照片或影像资料。

款 4 现场垃圾分类、封闭、集中堆放。

【实施要点】

现场垃圾包括生活垃圾、办公垃圾和建筑垃圾。

（1）生活垃圾和办公垃圾应根据项目当地相关政策进行分类收集，一般包括干垃圾、湿垃圾、可回收垃圾和有毒有害垃圾这几类，并根据分类设置相应的回收设施，对湿垃圾和有毒有害垃圾应封闭回收；

（2）建筑垃圾应结合工程实际情况和拟定的现场再利用措施进行分类，一般分为混凝土类、金属类、木质类、沥青类、有机类等，现场修建分类收集池，对易飞扬的建筑垃圾应封闭收集，对现场再利用的建筑垃圾应及时利用，不能利用的垃圾及时清运出现场并保留相关统计数据。

【评价方法】

核查以下文件及内容，现场检查时查看现场生活区、办公区和生产区垃圾分类收集情况：

（1）绿色施工组织设计、绿色施工方案和绿色施工技术交底等策划文件中对生活区、办公区和生产区垃圾分类收集，封闭集中存放的相关措施；

（2）包含生活区、办公区垃圾和施工现场建筑垃圾分类收集的现场照片或影像资料。

款5 办理施工渣土、建筑废弃物等排放手续，按指定地点排放。

【实施要点】

开工前应办理施工渣土、建筑废弃物等合规的排放手续，施工渣土、建筑废弃物严格按规定的地点排放。与有资质的建筑垃圾代理运输公司签订委托运输合同。

【评价方法】

核查以下文件及内容：

（1）满足当地要求的城区渣土处置许可证、渣土处置运输线路证等资料；

（2）委托运输合同及代理公司资质证明材料；

（3）相关证件的办理时间和有效期。

款6 碎石和土石方类等建筑垃圾用作地基和路基回填材料。

【实施要点】

碎石和土石方类等建筑垃圾是很好的地基和路基回填材料，直接在施工现场或邻近区域用于回填，可节约资源，减少堆放土地占用，同时降低外运能耗和减少外运污染。对现场产生的碎石和土石方类等建筑垃圾进行单独分类回收，用作本工程或邻近工程临时设施的地基和路基回填材料。碎石和土石方类等建筑垃圾现场再利用统计表如表4-9所示。

表4-9 ×××项目碎石和土石方类等建筑垃圾现场再利用统计表

用途	本次用量（t）	累计用量（t）	记录人
施工临时道路A1～A2段路基	0.5	0.5	×××
施工临时道路A2～A3段路基	0.7	1.2	×××
……	……	……	……

【评价方法】

核查以下文件及内容，现场检查时查看碎石和土石方类等建筑垃圾现场再利用情况：

（1）碎石和土石方类等建筑垃圾现场再利用统计表；

（2）现场照片或影像资料。

款7 土方回填不采用有毒有害废弃物。

【实施要点】

建筑垃圾原则上不允许直接用于土方回填，除非对其粒径、有机物质含量和含水率做过专门处理且满足《建筑垃圾处理技术标准》CJJ/T 134—2019 及设计的相关要求。但是有毒有害废弃物必须严格控制，不能掺入回填土中。

【评价方法】

核查以下文件及内容，现场检查时查看土方回填实际情况：

（1）工程回填土的来源证明材料；

（2）如使用建筑垃圾回填，核查建筑垃圾的处理措施及处理结果是否满足相关标准及设计的要求。

款 8 施工现场办公用纸两面使用，废纸回收，废电池、废硒鼓、废墨盒、剩油漆、剩涂料等有毒有害的废弃物封闭分类存放，设置醒目标志，并由符合要求的专业机构消纳处置。

【实施要点】

施工现场办公用纸应两面使用，充分利用。对两面使用后的废纸应作为可回收垃圾进行控制管理，由项目管理人员统一回收处理并保留处理记录。

绿色施工要求对有毒有害的废弃物进行 100% 分类收集，100% 送专业机构消纳处置。实施过程中，可将有毒有害的废弃物按其计量单位分为两类（表 4-10 及表 4-11）：

表 4-10　×××项目一类有毒有害的废弃物控制及处理台账

名称	购买日期	购买数量	领用日期	领用数量	领用人	回收日期	回收数量	回收人	累计回收	处理日期	处理方式	处理数量	处理人
5 号电池	6 月 22 日	20 颗	6 月 22 日	4 颗	×××	9 月 22 日	4 颗	×××	4 月 20 日	11 月 30 日	专业回收	4 颗	×××
……	……	……	7 月 4 日	2 颗	×××	10 月 2 日	2 颗	×××	6 月 20 日	11 月 30 日	专业回收	2 颗	×××
……	……	……	……	……	……	……	……	……	……	……	……	……	……

注：1. 一类有毒有害的废弃物包括废电池、废硒鼓、废墨盒、废旧灯管等按件数计算的废弃物；
2. 同类有毒有害的废弃物可以一次购买，分次领用，分次回收，一次或分次处理，但最终处理的总数量应与购买的数量一致，才能证明分类收集和合规处理都达到 100%；
3. 应有专业回收单位的收据证明，且专业回收单位应具有相关回收资质的证明文件。

表 4-11　×××项目二类有毒有害的废弃物控制及处理台账

名称	购买日期	进货量	领用量	领用人	库存量	使用量	退回量	退回人	废弃量	累计废弃	处理日期	处理方式	处理数量	累计处理	处理人
机油															
柴油															
……															

注：1. 二类有毒有害废弃物包括废机油、废柴油、油漆涂料、挥发性化学品等按量计算的废弃物；
2. 进货量－领用量＝库存量；使用量根据工程实际使用数量计算；领用量－使用量－退回量＝废弃量，但最终累计处理的总数量应与累计废弃的数量一致，才能证明合规处理达到 100%；
3. 应有专业回收单位的收据证明，且专业回收单位应具有相关回收资格的证明文件。

施工前应对工程可能产生的有毒有害的废弃物进行识别，并分别制订封闭回收和处理的措施，施工中严格遵照执行并保留相关记录。

【评价方法】

核查以下文件及内容，现场检查时查看有毒有害的废弃物实际回收情况：

（1）绿色施工组织设计、绿色施工方案和绿色施工技术交底等策划文件中关于办公用纸应两面使用的规定及废纸回收处理记录；

（2）绿色施工组织设计、绿色施工方案和绿色施工技术交底等策划文件中有毒有害的废弃物的识别情况及相应的处理措施；

（3）一、二类有毒有害的废弃物控制及处理台账；

（4）专业回收单位相关回收资质的证明文件；

（5）专业回收单位的收据证明。

款 9 施工选用绿色、环保材料。

【实施要点】

绿色建材是指在全寿命期内可减少对资源的消耗、减轻对生态环境的影响，具有节能、减排、安全、健康、便利和可循环特征的建材产品。

施工前应对施工现场 500km 范围内生产的绿色建材进行摸底，材料采购时尽可能选用绿色建材。注意本款所指绿色建材包括取得绿色建材评价标识或绿色产品认证的相关建筑材料。绿色建材用量统计表如表 4-12 所示。

表 4-12 ××× 项目绿色建材用量统计表

材料名称	用量（t）	生产厂家	产品认证机构	备注
预拌混凝土	3000	××× 混凝土公司	×××	附件 1
……	……	……	……	……

注：绿色建材评价标识或绿色产品证书、采购合同作为本表附件。

【评价方法】

核查以下文件及内容：

（1）绿色建材用量统计表；

（2）绿色建材评价标识或绿色产品证书；

（3）相关采购合同。

4.2.4 污水排放控制应包括下列内容：

1 现场道路和材料堆放场地周边设置排水沟；

2 工程污水和试验室养护用水处理合格后，排入市政污水管道，检测频率不少于 1 次/月；

3 现场厕所设置化粪池，化粪池定期清理；

4 工地厨房设置隔油池，定期清理；

5 工地生活污水、预制场和搅拌站等施工污水达标排放和利用；

6 钻孔桩、顶管或盾构法作业采用泥浆循环利用系统，不得外溢漫流。

【条文解析】

水污染是指水体因某种物质的介入，导致其化学、物理、生物等特性的改变，从而影响水的有效利用，危害人体健康或者破坏生态环境，水质恶化的现象。在维系人的生存以及保持经济发展的过程中，水的重要性是毋庸置疑的。但随着我国工业化和城镇化进程的加快，我国的水环境也面临着很大的挑战。我国的江河湖泊普遍受到污染，90% 的城市水资源污染严重。水污染降低了水资源的使用功能。

施工项目造成水污染的来源主要有：施工作业排污、基坑降水排水、施工机械设备清洗、试验室器具清洗和后勤生活污水等。绿色施工要求施工污水应进行相关净化处理使水质满足国家标准《污水排入城镇下水道水质标准》GB/T 31962—2015 的有关要求后才能排放。

本条包含施工现场污水排放控制的 6 款要求，主要从有组织排放、水质净化以及达标排放等方面提出要求，施工中应结合实际情况，以减少污水产生和降低污水影响为目的，全部或部分采取这 6 款措施，同时也鼓励施工单位根据工程具体情况，积极采取这 6 款之外的污水排放控制措施。

款 1 现场道路和材料堆放场地周边设置排水沟。

【实施要点】

生产或生活污水直接泼在土壤面上，会造成土壤和地下水污染。绿色施工要求现场道路和材料堆放场地周边设置排水沟，将污水集中收集并经沉淀处理后再进行利用或排放，做到污水 100% 有组织排放。

【评价方法】

核查以下文件及内容，现场检查时结合现场平面布置图核查现场道路和材料堆放场地周边排水沟设置情况：

（1）施工总平面排水设施布置图；

（2）现场照片或影像资料。

款 2 工程污水和试验室养护用水处理合格后，排入市政污水管道，检测频率不少于 1 次 / 月。

【实施要点】

工程污水和试验室养护用水含有大量固体颗粒，根据污水的性质、成分、污染程度等制订不同的处理措施，并在施工中予以落实。工程污水采取稀释、去泥沙、除油污、分解有机物、沉淀过滤、酸碱中和等有针对性的处理方式，处理合格后达标排放。施工中应对每一个排入市政污水管道的排水口设立污水检测取水点，每月不少于 1 次进行取样送检，送检结果应满足国家标准《污水排入城镇下水道水质标准》GB/T 31962—2015 的有关要求。污水送检记录表如表 4-13 所示。

表 4-13　××× 项目污水送检记录表

取水点	取样送检日期	检测报告领取时间	检测报告编号	检测结果	送检人
1 号口	2019 年 11 月 5 日	2019 年 11 月 7 日	2019-A01	达标	×××
……	……	……	……	……	……

注：检测机构的资质证明文件和相关检测报告作为本表附件。

根据“十三五”课题“施工全过程污染物控制技术与监测系统研究及示范”的研究成果，对施工现场排入市政污水管道的污水指标提出以下限值要求：

根据施工现场具体情况，将污水排放进入的不同类别水环境分为三类区：

一类区为集中式生活饮用水地表水源地二级保护区、鱼虾类越冬场、洄游通道、水产养殖区等渔业水域及游泳区；

二类区为一般工业用水区、人体非直接接触的娱乐用水区、农业用水区及一般景观要求水域；

三类区为下水道末端有污水处理厂的城镇；又可细分为A、B、C三个等级，其中A等级为城镇下水道末端污水处理厂采用再生处理的城市；B等级为城镇下水道末端污水处理厂采用二级处理的城市；C等级为城镇下水道末端污水处理厂采用三级处理城市。

一类区适用一级指标限值，二类区适用二级指标限值，三类区适用三级指标限值。

施工污水的水质指标建议（最高允许值）如表4-14所示。

表4-14　施工污水的水质指标建议（最高允许值）

施工现场区域	控制项目名称	单位	一类区	二类区	三类区		
					A等级	B等级	C等级
施工区	pH	—	6.0 ~ 9.0	6.0 ~ 9.0	6.5 ~ 9.5	6.5 ~ 9.5	6.5 ~ 9.5
	悬浮物	mg/L	70	150	400	400	300
	BOD_5	mg/L	20	30	350	350	150
	COD	mg/L	100	150	500	500	300
	石油类	mg/L	5	10	20	20	15
	氨氮	mg/L	15	25	45	45	25
	色度	倍	50	80	50	70	60
	铬	mg/L	1.5	1.5	1.5	1.5	1.5
	铜	mg/L	0.5	1.0	2.0	2.0	2.0
	锰	mg/L	2	2	2	5	5
	锌	mg/L	2	5	5	5	5
	镍	mg/L	1	1	1	1	1
	硫化物	mg/L	1	1	1	1	1
	氟化物	mg/L	10	10	20	20	20
	甲醛	mg/L	1	2	5	5	2
	三氯甲烷	mg/L	0.3	0.6	1.0	1.0	0.6
	三氯乙烯	mg/L	0.3	0.6	1.0	1.0	0.6
	四氯乙烯	mg/L	0.1	0.2	0.5	0.5	0.2
生活区	pH	—	6.0 ~ 9.0	6.0 ~ 9.0	6.5 ~ 9.5	6.5 ~ 9.5	6.5 ~ 9.5
	悬浮物	mg/L	70	150	400	400	300
	BOD_5	mg/L	20	30	350	350	150

续表 4-14

施工现场区域	控制项目名称	单位	一类区	二类区	三类区		
					A 等级	B 等级	C 等级
生活区	COD	mg/L	100	150	500	500	300
	动植物油	mg/L	10	15	100	100	100
	氨氮	mg/L	15	25	45	45	25
	总磷	mg/L	0.2	0.3	8.0	8.0	5.0
	总氮	mg/L	1.0	1.5	70.0	70.0	45.0
	色度	mg/L	50	80	50	70	60
	铬	mg/L	1.5	1.5	1.5	1.5	1.5
	铜	mg/L	0.5	1.0	2.0	2.0	2.0
	锰	mg/L	2	2	2	5	5
	锌	mg/L	2	5	5	5	5
	镍	mg/L	1	1	1	1	1
	挥发酚	mg/L	0.5	0.5	1.0	1.0	0.5

实际送检指标可先检测该取水口工程污水成分，根据具体成分情况按表 4-14 有针对性地选择。

【评价方法】

核查以下文件及内容，现场检查时结合现场平面布置图、污水送检记录表核查现场所有排入市政污水管道的排水口是否都进行了取样送检：

（1）结合现场平面布置图、污水送检记录表核查现场所有排入市政污水管道的排水口是否都进行了取样送检，送检频次和结果是否满足达标排放的要求；

（2）污水检测机构的资质证明材料和相关水质检测报告。

款 3 现场厕所设置化粪池，化粪池定期清理。

【实施要点】

化粪池是一种利用沉淀和厌氧发酵的原理，去除生活污水中悬浮性有机物的处理设施，属于初级的过渡性生活处理构筑物。现场所有厕所均需设置化粪池，化粪池的容积应根据工程高峰时期厕所使用人数、设计的清掏周期以及工程现场实际情况综合确定。现场化粪池定期清理记录表如表 4-15 所示。

表 4-15　××× 项目现场化粪池定期清理记录表

化粪池编号	清理时间	清理单位	责任人
1	2019 年 11 月 5 日	×××× 公司	×××
……	……	……	……

注：清理单位的委托合同、资格证明作为本表附件。

【评价方法】

核查以下文件及内容，现场检查时主要核查现场每一个厕所的化粪池设置情况：

（1）现场化粪池定期清理记录表；

（2）清理单位委托合同和相关资质证明。

款4 工地厨房设置隔油池，定期清理。

【实施要点】

隔油池是利用油与水的密度差异，分离去除污水中颗粒较大的悬浮油的一种处理构筑物。油脂被分解成水、酒石酸等亲水性分子，它们将起到净化水质的作用，有助于改善排污 COD 指标。同时，也将起到防止管道堵塞，减少疏通调换等成本的作用。现场所有食堂均需设置隔油池，隔油池的容积应根据工程高峰时期食堂使用人数、设计的清掏周期以及工程现场实际情况综合确定。现场隔油池定期清理记录表如表 4-16 所示。

表 4-16　×××项目现场隔油池定期清理记录表

隔油池编号	清理时间	清理单位	责任人
1	2019 年 11 月 5 日	×××公司	×××
……	……	……	……

注：清理单位的委托合同作为本表附件，如自行清理时应有清理出的垃圾合规去向证明材料。

【评价方法】

核查以下文件及内容，现场检查时主要核查现场每一个食堂的隔油池设置情况：

（1）现场隔油池定期清理记录表；

（2）清理单位委托合同或清理出的垃圾合规去向证明材料。

款5 工地生活污水、预制场和搅拌站等施工污水达标排放和利用。

【实施要点】

应将施工生活污水、预制场和搅拌站等施工污水也纳入污水管理范畴，同样实现 100% 有组织排放。生活污水、预制场和搅拌站等施工污水可以经净化处理后实现达标排放，相关检测和排放应满足本条第 2 款的相关要求，也可以收集处理确保相关水质满足使用要求后实现再利用，达到减少污水排放和节约水资源的目的。

【评价方法】

核查以下文件及内容，现场检查时结合现场平面布置图、污水送检记录表核查现场生活污水、预制场和搅拌站污水排入市政污水管道的排水口是否都进行了取样送检：

（1）结合现场平面布置图、污水送检记录表核查现场生活污水、预制场和搅拌站污水排入市政污水管道的排水口是否都进行了取样送检，送检频次和结果是否满足达标排放的要求；如再利用则应对处理后的水质进行检测，确保符合相关标准要求后方可利用；

（2）污水检测机构的资质证明材料和相关水质检测报告。

款6 钻孔桩、顶管或盾构法作业采用泥浆循环利用系统，不得外溢漫流。

【实施要点】

钻孔桩、顶管或盾构法作业时产生的泥浆包含油类和大量悬浮物，无组织排放将对周边生态环境造成严重污染，建立由制浆池、泥浆池、沉淀池和循环槽等组成的泥浆循环利用系统，并采用优质管材，减少阀门和接口的数量，防止出现外溢漫流的情况。

【评价方法】

核查以下文件及内容：

（1）绿色施工组织设计、绿色施工方案和绿色施工技术交底等策划文件中钻孔桩、顶管或盾构法作业泥浆循环利用相关措施；

（2）钻孔桩、顶管或盾构法作业泥浆循环利用系统的建立及运行现场照片或影像资料。

4.2.5 光污染控制应包括下列内容：

1 施工现场采取限时施工、遮光或封闭等防治光污染措施；

2 焊接作业时，采取挡光措施；

3 施工场区照明采取防止光线外泄措施。

【条文解析】

光污染是指过量的光辐射（可见光、紫外与红外辐射）对人体健康和人类生存环境造成的负面影响的总称。

施工现场的光污染主要来源于大型灯具的夜间照明、焊接作业等，施工光污染的主要危害有：

（1）对附近居民的影响

当施工场地内照明设备的出射光线直接侵入附近居民的窗户时，很可能对居民的正常生活产生负面的影响。这些影响包括：

① 照明设备产生的入射光线使居民的睡眠受到影响；

② 工地现场照明可能存在的频闪灯光使房屋内的居民感到烦躁，难以进行正常的活动。

（2）对附近行人的影响

当施工照明设备安装不合理时，其本身产生的眩光会影响附近行人，导致影响或完全丧失正常的视觉功能，将影响行人对周围环境的认知，同时增加了发生犯罪或交通事故的可能性。具体的危害表现在：

① 安装不合理的施工照明灯具，其本身产生的眩光使行人感到不舒适，甚至影响行人视觉功能；

② 当灯具本身的亮度面或灯具照射路面等处产生的高亮度反射面出现在行人的视野范围内时，因为出现很大的亮度对比，行人将无法看清周围较暗的地方，使之成为犯罪分子的藏身之处，不利于行人及时发现并制止犯罪。

（3）对交通系统的影响

各种交通线路上的照明设备或附近的辅助照明设备发出的光线都会对车辆的驾驶者产生影响。主要表现在：

① 灯具或亮度对比很大的表面会产生眩光，影响驾驶者的视觉功能，使驾驶者应对突发事件的反应时间增加，从而使交通事故更容易发生。

② 出现在驾驶者视野内的、亮度很高的表面使各种交通信号的可见度降低，增加了交通事故发生的可能性。

以上可见，施工中的光污染应采取措施加以控制，本条包含针对光污染控制的3款要求，主要从组织策划、管理以及施工现场产生光污染的两类主要来源等方面提出要求，施工中应结合实际情况，以减少光污染产生和降低光污染影响为目的，全部或部分采取这3款措施，同时也鼓励施工单位根据工程具体情况，积极采取这3款之外的光污染控制措施。

款1 施工现场采取限时施工、遮光或封闭等防治光污染措施。

【实施要点】

在绿色施工策划文件中对施工现场的光污染进行识别，并针对每一类光污染制订相应的防治光污染措施，同时从优化施工时间、合理安排施工工序等管理措施方面减少夜间施工，从而减少光污染。

【评价方法】

核查以下文件及内容，现场检查时对照策划文件核查现场光污染防治措施：

（1）绿色施工组织设计、绿色施工方案和绿色施工技术交底等策划文件中现场光污染识别记录及防治措施；

（2）现场照片或影像资料。

款2 焊接作业时，采取挡光措施。

【实施要点】

从事焊接作业的人员应佩戴相应的防护设施；针对楼面及固定焊接场所的焊接作业应采取挡光措施。

【评价方法】

核查以下文件及内容，现场检查时核查焊接作业人员防护设施配备情况和楼面及固定焊接场所焊接作业时的挡光措施：

（1）焊接作业人员防护设施领用记录；

（2）楼面及固定焊接场所焊接作业的挡光措施现场照片或影像资料。

款3 施工场区照明采取防止光线外泄措施。

【实施要点】

施工场区内的大型照明灯具应采取遮光罩等措施，使光线集中在施工区域内，不扩散到周围光污染敏感的地方。

【评价方法】

核查以下文件及内容，现场检查时核查现场大型照明灯具的挡光措施：

（1）绿色施工组织设计、绿色施工方案和绿色施工技术交底等策划文件中施工场区内大型照明灯具的挡光措施；

（2）现场照片或影像资料。

4.2.6 噪声控制应包括下列内容：

1 针对现场噪声源，采取隔声、吸声、消音等降噪措施；

2 采用低噪声施工设备；

3 噪声较大的机械设备远离现场办公区、生活区和周边敏感区；

4 混凝土输送泵、电锯等机械设备设置吸声降噪屏或其他降噪措施；

5 施工作业面设置降噪设施；

6 材料装卸设置降噪垫层，轻拿轻放，控制材料撞击噪声；

7 施工场界声强限值昼间不大于 70dB（A），夜间不大于 55dB（A）。

【条文解析】

噪声是指发声体无规则振动时发出的音高和音强变化混乱、听起来不和谐的声音。声音由物体的振动产生，以波的形式在一定的介质（固体、液体、气体）中进行传播。从生理学观点来看，凡是干扰人们休息、学习和工作以及对所要听的声音产生干扰的声音，即不需要的声音，统称为噪声。产业革命以来，各种机械设备的创造和使用，给人类带来了繁荣和进步，但同时也产生了越来越多而且越来越强的噪声。

施工现场的噪声污染主要来源于交通运输、车辆鸣笛、机械及人工作业以及人为噪声等，噪声可能对附近居民的健康（听力、心血管、生殖能力和心理等）和生活（睡眠、语言交流等）带来影响。

本条包含施工现场噪声控制的 7 款要求，分别从管理制度、设备选型、技术措施、监测控制等多方面对噪声控制提出要求，施工中应结合实际情况，以减少噪声产生和降低噪声影响为目的，全部或部分采取这 7 款措施，同时也鼓励施工单位根据工程具体情况，积极采取这 7 款之外的噪声控制措施。

款 1 针对现场噪声源，采取隔声、吸声、消音等降噪措施。

【实施要点】

在绿色施工组织设计、绿色施工方案和技术交底等策划文件中对施工现场的噪声源进行识别，并针对其制订隔声、吸声、消音等降噪措施，在施工中予以落实。

【评价方法】

核查以下文件及内容，现场检查时对照绿色施工策划文件落实降噪措施实施情况：

（1）绿色施工组织设计、绿色施工方案和绿色施工技术交底等策划文件中对现场噪声源的识别及相关降噪措施；

（2）现场照片或影像资料。

款 2 采用低噪声施工设备。

【实施要点】

施工机械在运转时，物体间的撞击，摩擦，交变机械力作用下的金属板、旋转机件的动力不平衡及运转的机械零件轴承、齿轮等都会产生机械噪声。在施工中选用低噪声环保型设备，是治理噪声源的主要措施之一。在进行设备选型时应有意识地选择低噪声的施工设备。

【评价方法】

核查以下文件及内容，现场检查时抽查现场实际采用设备是否为低噪声设备：

（1）对照现场设备清单，核查是否存在高噪声设备且没有采取降噪措施的现象；

（2）高噪声设备采取降噪措施的现场照片或影像资料。

款 3 噪声较大的机械设备远离现场办公区、生活区和周边敏感区。

【实施要点】

声波在介质中传播时，因波束发散、吸收、反射、散射等原因，声能在传播中会逐渐减少。因此将噪声较大的机械设备，如搅拌机、输送泵、钢筋加工机械、木工加工机械等，尽可能远离噪声敏感区布置，可有效降低施工噪声对人们生产生活的影响。应对现场及周边的噪声敏感区进行识别，如现场办公区、生活区，周边居民区、学校、医院、办公楼等，在进行施工平面布置时将噪声较大的机械设备远离这些噪声敏感区进行布置。

【评价方法】

核查以下文件及内容，现场检查时核查现场将噪声较大的机械设备是否远离噪声敏感区进行布置：

（1）对照现场平面布置图（图上应体现噪声较大机械设备位置和周边及场内噪声敏感区位置），核查是否将噪声较大的机械设备远离噪声敏感区进行布置；

（2）应根据施工阶段动态进行现场平面布置，核查是否将噪声较大的机械设备始终远离噪声敏感区进行布置；

（3）如受条件限制无法将噪声较大的机械设备远离噪声敏感区进行布置时，核查是否采取相关降噪措施；

（4）现场照片或影像资料。

款 4 混凝土输送泵、电锯等机械设备设置吸声降噪屏或其他降噪措施。

【实施要点】

吸声是指采取有吸声功能的材料，对室内噪声较大且有人在内作业的区域进行吸声处理，降低室内混响声的措施。在建筑施工中，吸声主要用于木工加工棚、现场钢筋或钢结构加工间等有噪声影响的室内，对其顶棚、墙面做吸声处理，降低室内噪声，保护室内作业人员健康。实际施工中应根据施工现场所处环境对产生噪声较大的混凝土输送泵、电锯等机械设备采取降噪措施。

【评价方法】

核查以下文件及内容，现场检查时核查现场噪声较大的机械设备降噪措施：

（1）绿色施工组织设计、绿色施工方案和绿色施工技术交底等策划文件中对现场噪声较大的机械设备的识别记录及根据识别结果采取的降噪措施；

（2）现场照片或影像资料。

款 5 施工作业面设置降噪设施。

【实施要点】

施工作业面往往随着施工进度动态变化，在作业面上进行敲击、凿搓、振捣等产生噪声的施工活动也因为作业点和作业时间的不固定而难以控制。但实际上，在作业面施工，特别是高层、超高层楼面施工产生的噪声，因为缺少隔声构件，影响的范围更广、距离更远。本款要求在施工作业面进行噪声较大的施工作业时，设置降噪设施。

【评价方法】

核查以下文件及内容，现场检查时核查作业面降噪设施使用情况：

（1）绿色施工组织设计、绿色施工方案和绿色施工技术交底等策划文件中对施工作业面噪声较大施工作业的识别记录及根据识别结果采取的降噪措施；

（2）现场照片或影像资料。

款 6 材料装卸设置降噪垫层，轻拿轻放，控制材料撞击噪声。

【实施要点】

在绿色施工相关策划文件和管理措施中规定材料的装卸要求。对钢管、金属构件等装卸时容易因撞击产生噪声的材料，在装卸时应禁止直接倾倒。

【评价方法】

核查以下文件及内容：

（1）绿色施工组织设计、绿色施工方案和绿色施工技术交底等策划文件或相关管理文件中对易产生噪声的材料装卸要求；

（2）现场照片或影像资料。

款7 施工场界声强限值昼间不大于70dB（A），夜间不大于55dB（A）。

【实施要点】

根据国家标准《建筑施工场界环境噪声排放标准》GB 12523—2011规定的建筑施工噪声是指建筑施工过程中产生的干扰周围生活环境的声音。该国家标准同时规定：建筑施工过程中场界环境噪声声强白天不得超过70dB（A），夜间不得超过55dB（A）。据调查，一旦夜间施工，噪声声强就很难满足不超过55dB（A）的限值，因此，本条要求尽可能避免夜间施工，不得已需要夜间施工时，需办理相关手续或采取相关措施降低噪声危害。

施工过程中根据噪声产生源和噪声敏感区的分布情况按国家标准《建筑施工场界环境噪声排放标准》GB 12523—2011设置噪声监测点，采用手动或自动设备对现场噪声进行监测，噪声声强应满足昼间不大于70dB（A），夜间不大于55dB（A）的要求，当出现超过限值情况时，应立即查找原因，制订整改措施。噪声控制监测数据记录表如表4-17所示。

表4-17　×××项目噪声控制监测数据记录表

监测日期	监测时间	测点编号	监测值	是否超标	记录人
2019年11月5日（昼间）	10时30分	测点1	62	□是☑否	×××
		测点2	59	□是☑否	×××
		测点3	50	□是☑否	×××
		……	……	□是□否	……
年　月　日（夜间）	时　分	测点1	……	□是□否	……
		测点2	……	□是□否	……
		测点3	……	□是□否	……
		……	……	□是□否	……
……	……	……	……	……	……

注：1. 监测每天白天至少进行一次；有夜间施工时，每夜至少进行一次；
2. 当监测值小于等于限值时为达标，是否超标栏勾选“□否”；当监测值大于限值时为超标，是否超标栏勾选“□是”，当超标时，需要对该数据分析超标原因，并制订措施；
3. 测点应根据工程阶段和现场平面动态设置，每次调整后均需有对应的测点平面布置图及布置说明作为本表的附件。

当采用自动监测设备对现场噪声进行监测时，监测数据以设备读取数据为准，不需要填表4-17。

【评价方法】

核查以下文件及内容，现场检查时核查噪声监测点的设置情况：

（1）噪声控制监测数据记录表；
（2）噪声监测点平面布置图；
（3）现场照片或影像资料。

4.3 优 选 项

4.3.1 施工现场宜设置可移动厕所，并定期清运、消毒。

【条文解析】

根据行业标准《建设工程施工现场环境与卫生标准》JGJ 146—2013 要求：施工现场应设置水冲式或移动式厕所，厕所面积应根据施工人员数量设置，且设专人负责，定期清运、消毒。高层建筑施工超过 8 层时，宜每隔 4 层设置临时厕所。

可移动环保厕所应具有可移动和环保两方面的特点：可移动表示它无需上下水，可随施工进度和现场平面布置的变化而改变设置位置；环保表示它应能够自动地对粪便进行分解处理，除菌消毒，保证了环境卫生且消灭了细菌病毒传播的机会，鼓励施工现场的移动厕所采用环保厕所。

本条要求施工现场应根据施工场地占地面积及施工楼层高度等，以人为本，合理设置可移动厕所，制订清运、消毒措施并在施工中予以落实。

【实施要点】

施工前根据工程实际情况（楼层数量和场地占地面积等）策划是否需设置移动厕所，如需设置，则需设计设置的位置、数量以及制订维护措施等，同时制定相应的清运、消毒管理制度。

施工中根据策划要求设置可移动厕所并严格按制度进行清运、消毒。施工现场可移动厕所清运、消毒记录表如表 4-18 所示。

表 4-18 施工现场可移动厕所清运、消毒记录表

编号	位置	清运时间	清运人	消毒时间	消毒人
1	北栋 4 层楼面	2019 年 11 月 5 日 10:30	×××	2019 年 11 月 5 日 11:00	×××
……	……	……	……	……	……

注：可移动环保厕所现场布置图作为本表附件。

【评价方法】

核查以下文件及内容，现场检查时查看可移动厕所布置情况：
（1）可移动厕所采购（租赁）证明材料；
（2）施工现场可移动厕所清运、消毒记录表；
（3）现场照片或影像资料。

4.3.2 施工现场宜采用自动喷雾（淋）降尘系统。

【条文解析】

喷雾（淋）降尘的原理是利用高压泵将水加压至 50kg～70kg，经高压喷嘴雾化，形成飘飞的水雾，由于水雾颗粒是微米级的，非常细小，故能够吸附空气中杂质，具有降尘、加湿等多重功效。

自动喷雾（淋）降尘系统应具有自动和喷雾（淋）降尘两方面的特点：自动要求与现场相关扬尘监控系统联动，当现场扬尘超过某一限值时自动启动该降尘系统实施降尘；利用外架、塔式起重机、围挡等设置喷雾（淋）系统，通过喷洒水雾颗粒实现降尘。

【实施要点】

施工前根据工程实际情况策划现场扬尘监控系统和自动喷雾（淋）降尘系统，施工过程中对这两套系统制定相关运行维护制度使之得以有效运行，同时保留相关运行记录及现场实际照片。

【评价方法】

核查以下文件及内容，现场检查时查看自动喷雾（淋）降尘系统布置及运行情况：

（1）绿色施工组织设计、绿色施工方案和绿色施工技术交底等策划文件中关于自动喷雾（淋）降尘系统布置以及与扬尘监测系统联动实现自动启停的策划内容；

（2）自动喷雾（淋）降尘系统的施工及运行记录；

（3）现场照片或影像资料。

4.3.3 施工场界宜设置扬尘自动监测仪，动态连续定量监测扬尘［总悬浮颗粒物（TSP）、颗粒物（粒径小于或等于 10μm，PM_{10}）］。

【条文解析】

随着我国对环境治理要求越来越高，$PM_{2.5}$、PM_{10} 和 TSP 成为环境监测的重要指标，TSP 是指悬浮在空气中，空气动力学当量直径≤ 100μm 的颗粒物，也称总悬浮颗粒物。根据国家重点研发计划“施工全过程污染物控制技术与监测系统研究及示范”课题组的研究结果表明，施工扬尘对现场空气中 $PM_{2.5}$ 的影响并不明显，而是 PM_{10} 和 TSP 的重要组成部分，因此施工现场的 PM_{10} 和 TSP 也成为重点监测指标。

在绿色施工实施初期，项目通过目测扬尘高度来衡量扬尘是否达标，通常情况下要求基础施工阶段扬尘目测高度不超过 1.5m，主体施工阶段和装饰装修与机电安装施工阶段扬尘目测高度不超过 0.5m，但在实际执行过程中发现目测扬尘高度很难操作。随后，项目通过手持式扬尘测量仪器如便携式粉尘监测仪来监测扬尘，该方法在目测扬尘高度的基础上有了很大改进，但因为需要人来操作，其不确定性和不连续性影响了扬尘监测的结果。

扬尘自动监测仪利用无线传感器技术和激光粉尘测试设备，实现扬尘在线监测，可以监测 $PM_{2.5}$、PM_{10}、TSP、环境温度、环境湿度、风速风向等各项指标，各测试点的测试数据通过无线通信直接上传到监测后台，方便项目实时监测数据。

【实施要点】

施工场界设置扬尘自动监测仪，按照行业标准《环境空气颗粒物（PM_{10} 和 $PM_{2.5}$）连续自动监测系统安装和验收技术规范》HJ 655—2013、《环境空气颗粒物（PM_{10} 和 $PM_{2.5}$）连续自动监测系统运行和质控技术规范》HJ 817—2018 规定，采集口高度需离地 3.0m 以上和围挡上 0.5m 以上。对于周边有建筑物的情况，设置高度要提高。

为了估计施工场地扬尘净排放浓度，一般要求在场地上下风处各安装一台扬尘自动监测仪，以便对比。

应计算日平均排放量。为了简化日平均值数据的采集，可以采用整点时的扬尘浓度为该小时的平均浓度，采用不少于 12 个小时的平均浓度，计算日平均浓度。日平均浓度记录表格如表 4-19 所示。

表 4-19　日平均浓度记录表（PM_{10}，单位：$\mu g/m^3$）

日期	6：00	7：00	8：00	……	……	……	……	……	……	……	……	……	……	19：00	日均

【评价方法】

核查以下文件及内容，现场检查时查看扬尘自动监测仪布置及运行情况：

（1）绿色施工组织设计、绿色施工方案和绿色施工技术交底等策划文件中关于扬尘自动监测仪布置位置、数量的策划内容；

（2）与扬尘自动监测仪相连的后台设备保存的扬尘监测记录；

（3）现场照片或影像资料。

4.3.4　施工场界宜设置动态连续噪声监测设施，保存昼夜噪声曲线。

【条文解析】

以往绿色施工现场噪声的监测采用手持式噪声监测仪人工定时测量的方法，这样测量取得的数据能反应一定的问题，但也存在监测数据不连续、受人力因素影响大等缺陷。而且，噪声污染存在瞬时性和不确定性，有可能出现在人工测量的瞬间是达标（不达标）的，但其他施工时间全部不达标（达标）的现象，测量结果不正确。

在施工现场设置噪声自动监测设施，24h 不间断对场界噪声进行监测，并自动绘制噪声曲线图，对一天内超过噪声污染限值的时间点或时间段可以一目了然，便于施工企业有针对性地采取噪声控制措施，达到降低噪声污染的目的。同时，监测收集的施工全过程噪声数据对施工现场噪声污染的产生、扩散、防治的研究具有重要意义。

【实施要点】

根据国家重点研发计划“施工全过程污染物控制技术与监测系统研究及示范”课题组的研究结果表明施工现场噪声监测位置宜按以下原则设置：

一般情况测点设在建筑施工场界外 1.0m，高度 1.2m 以上的位置；当场界有围墙且周围有噪声敏感的建筑物时，测点应设在场界外 1.0m，高于围墙 0.5m 以上的位置，且位于施工噪声影响的声照射区域；当场界无法测量到声源的实际排放时，如：声源位于高空、场界有声屏障、噪声敏感建筑物高于场界围墙等情况，测点可设在噪声敏感的建筑物户外 1.0m 处；在噪声敏感建筑物室内测量时，测点设在室内中央、距室内任一反射面 0.5m 以上、距地面高度 1.2m 以上，在受噪声影响方向的窗户开启的状态下测量。

通常情况下，宜在施工场界四个方向各选一个点，设置动态噪声监测设备。

应读取噪声小时平均值，每天 6：00～22：00 平均值为白天噪声平均值、22：00～次日 6：00 平均值为夜间噪声平均值，记录表格如表 4-20 所示。

表 4-20 噪声值记录表（单位：dB）

日期	6:00	7:00	8:00	……	……	22:00	日平均	22:00	……	……	……	6:00	夜平均
……	……	……	……	……	……	……	……	……	……	……	……	……	……

噪声监测仪可以根据监测到的数据自动绘制出噪声曲线图如图 4-2 所示。

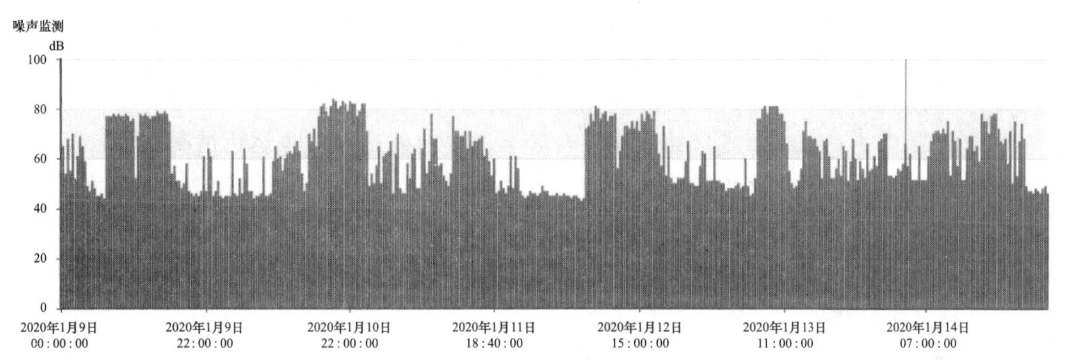

图 4-2 噪声曲线图

【评价方法】

核查以下文件及内容，现场检查时查看动态连续噪声监测设施布置及运行情况：

（1）绿色施工组织设计、绿色施工方案和绿色施工技术交底等策划文件中关于动态连续噪声监测设施布置位置、数量的策划内容；

（2）与动态连续噪声监测设施相连的后台设备保存的噪声监测记录；

（3）根据噪声监测记录绘制的昼夜噪声曲线图；

（4）现场照片或影像资料。

4.3.5 装配式建筑施工的垃圾排放量不宜大于 140t/万 m^2，非装配式建筑施工的垃圾排放量不宜大于 210t/万 m^2。

【条文解析】

本条是对本标准 4.2.3 条第 2 款的更高要求。

【实施要点】

与本标准 4.2.3 条第 2 款一致。

【评价方法】

与本标准 4.2.3 条第 2 款一致。

4.3.6 建筑垃圾回收利用率宜达到 50%。

【条文解析】

本条是对本标准 4.2.3 条第 3 款的更高要求。

【实施要点】

与本标准 4.2.3 条第 3 款一致。

【评价方法】

与本标准 4.2.3 条第 3 款一致。

4.3.7 *施工现场宜采用地磅或自动监测平台，动态计量建筑废弃物重量。*

【条文解析】

固体废弃物是指建筑垃圾分类后，丧失施工现场回收和利用价值的固体建筑垃圾。对于施工现场固体废弃物重量的统计一直是绿色施工管理的需求，要准确地统计工程建筑垃圾重量的前提之一就是准确统计外运固体废弃物重量。通过计量统计外运固体废弃物是最准确、最直观的方法，但是，如何精准计量是个关键问题。

以往施工现场对外运固体废弃物采用按车估算，发放票据统计的方法，例如装满一车按 4.5t 或 6t 估算，每出去一车发放一张票据，最后按发放张数统计计算外运固体废弃物总量。这种做法其一是估算的单车重量存在误差；其二是发放票据属于人的行为，可能存在遗失、造假、漏发等不确定因素，统计的结果往往并不准确。

本条希望通过采用地磅或自动监测平台等手段，对外运固体废弃物进行精准计量，以获得工程实际固体废弃物的产量。

【实施要点】

结合工程实际情况采用地磅或自动监测平台统计施工全过程固体废弃物重量，统计应及时、准确。统计量应计入表 4-7 中。

【评价方法】

核查以下文件及内容，现场检查时查看固体废弃物计量方法：

（1）相关设备的采购（租赁）及安装证明材料；

（2）过程计量数据记录及汇总表；

（3）现场照片或影像资料。

4.3.8 *施工现场宜采用雨水就地渗透措施。*

【条文解析】

道路和材料堆场硬化后，在地面上形成了一个不透水的隔离层，雨水渗透量大大减少，过剩的雨水不但无法补充地下储水，而且还产生积水。积水会使路面产生水膜，易引发水滑性事故，给生活、工作带来许多不便。与此同时，雨水又是潜在的、可利用的水资源，针对目前全球性水资源短缺、水污染严重等水资源问题，雨水如果能够自然入渗地下，既能很好地补充地下水资源，又减少了污水排放，同时也降低了地面积水的危险性。

雨水就地渗透是雨水利用回补地下水的一种有效方法，一般分为绿地渗透、透水铺装地面渗透。

【实施要点】

对现场道路、停车场、裸土等尽可能采用就地渗透措施，裸土可采用绿地渗透，道路、停车场等可采取透水混凝土、透水砖、植草砖等渗透措施。注意对雨水就地渗透部位应确保面层清洁，避免对渗透雨水造成污染，从而污染地下水。施工现场雨水入渗地面面积统计表如表 4-21 所示。

表 4-21　×××项目施工现场雨水入渗地面面积统计表

序号	部位	自然渗透方法	面积（m^2）	累计面积（m^2）
1	现场停车场	植草砖	50	50
2	办公区人行通道	透水砖	50	100

续表 4-21

序号	部位	自然渗透方法	面积（m^2）	累计面积（m^2）
……	……	……	……	……

【评价方法】

核查以下文件及内容，现场检查时结合工程总平面布置图核查现场雨水就地渗透区域及对应的避免污染措施：

（1）结合工程总平面布置图核查绿色施工组织设计、绿色施工方案和绿色施工技术交底等策划文件中现场雨水渗透路面设计情况；

（2）施工现场实际雨水入渗地面面积统计表；

（3）现场照片或影像资料。

4.3.9 施工现场宜采用生态环保泥浆、泥浆净化器、反循环快速清孔等环境保护技术。

【条文解析】

施工产生的普通泥浆如果不加处置直接排放或填埋，将对环境造成很大的影响，具体如下：

（1）泥浆流动性大，导致污染面积大、区域广；

（2）泥浆中的盐、碱和盐岩层钻屑不仅会造成土壤板结，其中的氯离子会抑制农作物对氮磷的吸收，而且可溶性盐的迁移还会对地下水造成污染；

（3）泥浆中的重金属离子如铬离子、铅离子等极不易被动植物降解，滞留在土壤中会影响植物的生长和土壤中微生物的繁殖，且这些重金属离子会通过食物链进入人体内，危害人类的身体健康和安全；

（4）泥浆中的油类物质进入水体后，形成浮油，影响空气与水体界面上氧的交换。

生态环保泥浆是一种由高分子聚合物材料组成的具有高度浓缩性的乳液稳定液，此类泥浆中不含或只含极少量上述有害物质，使用此类泥浆将不会对土壤及地下水造成危害，从源头解决泥浆污染问题。

泥浆净化器主要由动力系统、旋流系统、振筛系统、控制系统、辅助系统构成。其作用主要是改善泥浆质量和护壁效果，提高桩基成孔效率；有效分离泥浆中的固体颗粒与水，减少卡钻现象的出现，提高桩基成孔效率；减少膨润土用量和水的排放，降低造浆成本，节约水资源，保护环境。

正循环清孔和反循环快速清孔是灌注桩施工中的两种施工工艺。简单地说，正循环清孔就是沉渣从导管外溢出的清渣工艺，反循环快速清孔就是沉渣从导管内排出的清渣工艺。反循环快速清孔工艺有多种，一般有泵吸法、空气吸泥机法和气举反循环法等。反循环快速清孔可以加快清渣速度，提高劳动生产率。与正循环清孔相较，每根桩清孔约减少2h。同时反循环快速清孔速度快，泥浆排放量少，可减少环境污染和泥浆处理量。

【实施要点】

施工前根据工程实际情况策划泥浆处理方案，施工过程严格按方案采购相关材料和设备并组织施工，同时保留相关过程记录及现场照片。

【评价方法】

核查以下文件及内容：

（1）绿色施工组织设计、绿色施工方案和绿色施工技术交底等策划文件中泥浆的处理方案；

（2）相关材料和设备的采购（租赁）记录；

（3）现场照片或影像资料。

4.3.10 施工现场宜采用水封爆破、静态爆破等高效降尘的先进工艺。

【条文解析】

爆破时会产生大量扬尘，本条强调利用新工艺、新技术、新设备减少爆破扬尘污染。

水封爆破是指以水炮泥填塞炮眼用以减少粉尘的爆破方法，具体是用盛满水的专用塑料袋代替或部分代替用黏土做成的炮泥，即水炮泥封堵爆破眼口，爆破时水炮泥中的水分被雾化，可使尘粒湿润、结团从而减少扬尘。使用水炮泥降尘效果十分明显，除尘率一般为63%～80%。

静态爆破是利用外力使被爆物从内部自然解体，不产生剧烈扬尘的一种方法，主要分两种：一种是把一些硅酸盐和氧化钙之类的固体，加水后搅拌，再放入须填充的地方，发生水化反应，使固体硬化，温度升高，体积膨胀，把岩石涨破；另一种采用静爆超级岩石分裂机运用液压机械的方式使岩石开裂，主要利用岩石抗拉强度低的特性，以高压油为能量源，由液压动力站的泵站输出的超高压油又经增压器的机械放大后驱动分裂棒内的油缸产生巨大推动力，使分裂机推动劈裂棒中的液压顶向外伸出胀裂岩石，液压力瞬间产生超高压，达到几千吨的分裂力，在两分钟左右轻而易举地从岩石内部将坚硬岩石分裂，并使物体按预定方向分裂，达到胀裂破碎开挖的目的。

【实施要点】

施工前根据工程实际情况策划现场爆破方式，编制爆破专项施工方案并完善相关审批手续，施工过程中严格按方案执行，同时保留相关施工记录及现场照片。

【评价方法】

核查以下文件及内容：

（1）爆破专项施工方案及审批手续；

（2）现场照片或影像资料。

4.3.11 土方施工宜采用水浸法湿润土壤等降尘方法。

【条文解析】

土方施工时会产生大量扬尘，如何在满足施工要求的前提下通过科学管理和技术进步尽可能地减少土方施工期间扬尘污染是广大绿色施工实施项目共同努力的方向。

水浸法是通过管道将有一定压力的水浸入需开挖的土壤中，使土壤含水率达到定值，从而降低开挖时土的起尘率，是从源头上控制扬尘产生的一种降尘方法。

本条鼓励在土方施工期间，因地制宜地采用类似水浸法一样的新技术、新工艺、新设备，以达到减少施工期间扬尘污染的目的。

【实施要点】

在土方施工期间，结合工程土质情况、周边环境、开挖形式等因地制宜地采取新技术、新工艺、新设备，达到减少施工期间扬尘污染的目的。采用的新技术、新工艺、新设备可以是单一的，也可以是多种组合的。

【评价方法】

核查以下文件及内容：

（1）绿色施工组织设计、绿色施工方案和绿色施工技术交底等策划文件中针对土方施工期间降尘所采用新技术、新工艺、新设备的策划；

（2）现场照片或影像资料。

4.3.12 *施工现场淤泥质渣土宜经脱水后外运。*

【条文解析】

淤泥质渣土是指抗剪强度较低、压缩性较高、渗透性较小、含水率较大的饱和粘性土，主要由淤泥和淤泥质土组成，其天然含水率大于液限、天然孔隙比在1.0～1.5之间。

淤泥质渣土由于其含水率高、孔隙比大，因此体积大，如直接外运将造成运输能耗过大和沿途环境污染。因此在现场引入淤泥脱水机等设备将淤泥质渣土脱水固化后再外运，可以缩小外运淤泥体积2/3以上，大大降低了运输能耗和淤泥后期处理强度。常见的脱水方法主要有自然干化法、机械脱水法和造粒法。自然干化法和机械脱水法适用于污水污泥，造粒法适用于混凝土沉淀的污泥。自然干化法由于占地面积大、所需时间长、对场地环境影响大，一般不推荐使用，目前施工现场比较常见的是机械脱水法。

【实施要点】

根据施工产生的淤泥质渣土总量、现场场地面积、气候环境等选择合适的淤泥质渣土脱水方法并在施工中予以实施。注意经脱水处理后的泥饼去向也要有所策划。一般泥饼的处置方式有填埋、制肥和掺煤焚烧，无论用于哪一种，都应该交由有相关资质的单位实施。

【评价方法】

核查以下文件及内容：

（1）绿色施工组织设计、绿色施工方案和绿色施工技术交底等策划文件中淤泥质渣土脱水方法及泥饼处置方式的策划；

（2）泥饼处置委托合同及处置单位相关资质证书；

（3）现场照片或影像资料。

5 资源节约评价指标

随着城市框架延伸，社会经济迅速发展，现今对资源、能源的需求日益加剧，资源、能源减少的现象也愈加显著，建筑工程占据着社会资源和能源消耗的首要位置。近年来，我国大力发展循环型经济，建立资源节约型、环境友好型社会，建筑工程绿色施工中资源节约要求符合这一时代背景，为建筑行业的发展指明了方向。建筑绿色施工资源节约要求在不缩小建筑规模、在建设质量及安全有保障的前提下，应用科学管理、科学技术，最大限度地节约资源，降低资源损耗，减少能源消耗及对环境的负面影响。绿色建筑资源节约包括材料节约、用水用能节约以及土地资源节约等内容。

5.1 控 制 项

5.1.1 绿色施工策划文件中应涵盖资源节约与利用的内容。

【条文解析】

资源节约包括了节材与材料资源利用、节水与水资源利用、节能与能源利用以及节地与土地资源保护等内容。

本条要求项目根据对绿色施工全过程的分析，在绿色施工策划文件中涵盖对资源节约的部署、措施、过程管理及环节控制等方面内容。在绿色施工策划文件中对资源节约与利用的部署和措施规定应具体化。

【实施要点】

在编制绿色施工策划文件中节材与材料资源利用相关内容时，应对计划实施项目的场地环境、主要施工内容及施工工艺进行调查、了解，具体化节材与材料资源利用的部署和措施要求的内容；对于材料节约的主要控制环节，如材料采购、加工、堆放、入库保管、发配料、安装等，要有重点控制内容，应重点体现管理过程及环节控制的措施。

绿色施工策划中节水与水资源利用的目标、措施应有针对性、操作性和前瞻性。水资源保护与节约管理制度，应涵盖面广，层次深入。明确项目主要非传统水来源，建立收集—储存—再利用的非传统水利用系统。

对于节能与能源利用，在施工组织设计中，合理安排施工顺序、工作面，以减少作业区域的机具数量，相邻作业区充分利用共有的机具资源。安排施工工艺时，应优先考虑耗用能源较少的施工工艺，避免设备额定功率远大于使用功率或超负荷使用设备的现象发生。生产、生活及办公临时设施使用节能设备。

在编制绿色施工策划文件中节地与土地资源保护相关内容时，应对拟建项目的场地情况及布置进行优选，科学、合理、紧凑地进行施工总平面布置。根据施工不同阶段，实施动态管理，施工作业车间、办公、生活、道路等临时设施的占地面积按不超出用地指标值进行设计。土方施工方案的开挖与回填施工应协调同步，减少余土占地。深基坑施工应优化方案，减少土方开挖。针对施工过程中的材料堆放、机具设备存放、生产生活临建、道路设施等制订合理控制措施，并制定相应管理制度，做到有据可查，有责可究。

【评价方法】

检查绿色施工策划文件中资源节约与利用的相关内容。

5.1.2 项目部应建立具体材料进场计划，以及材料采购、限额领料等管理制度。

【条文解析】

根据工程工期编制总施工进度计划，根据工程进度计划中的工序、工期、部位要求，结合实际场地情况，整理各施工段内所需材料种类、数量，编制周或月的材料进场计划。本条在工程进度计划合理的条件下，需完成细化材料种类、数量、进场时间、堆放位置方面的材料进场计划，计划科学合理、内容详尽，避免因过度储存和场地狭小储存量不够造成浪费影响正常施工。

通过建立节材与材料资源利用相关的各项管理制度，从材料采购、进场、堆放、使用及再利用等方面，全过程、全方位对绿色施工节材与材料资源利用方面进行管理及环节控制，做到有理可依、有据可查。在材料进场采购、限额领料、建筑垃圾再生利用等相关管理制度或管理文件的指导下，进行材料计划的编制，达到合理使用和节约材料的目的。

现场材料加工应提前做好深化设计，并经优化加工翻样，避免材料加工产生浪费，减少加工损耗。下脚料合理利用，提高加工余料的合理利用率。

建筑材料的堆放应当根据用量多少、使用时间长短、供应与运输情况确定，用量大、使用时间长、供应运输方便的，应当分期分批进场，以减少材料堆场和仓库占用面积；施工现场各种工具、构件、材料必须按照总平面图规定的位置放置；位置应选择适当，便于运输和装卸，应减少二次搬运；地基坚实、平坦、要有排水措施，符合安全、防火的要求；库房应当按照品种、规格堆放，并设明显标牌，标明名称、规格和产地等；各种材料物品必须堆放整齐。

材料发放应建立限额领料制度，按规定限额领发材料。实行这种制度，应制订合理的材料消耗定额，按定额确定一定时期领用材料的限额，超限额领用材料时，须说明缘由，报请审批并另行填制领料单。为了及时反映限额的执行情况，要求使用限额领料单或将限额卡与领料单结合使用。实行限额领料制度，能使材料的发出控制在规定限额之内，有利于经济合理地使用材料。

【实施要点】

材料进场计划与工程进度应紧密结合，材料的进场计划应：（1）按施工进度和需求，分期分批采购，计划科学合理的使用周期；（2）充分考虑和分析施工现场场地材料堆放面积大小、材料存量等因素；（3）合理的材料堆放应减少二次搬运，放置过远的材料堆放要合理地控制，降低能耗和成本。

材料采购阶段应根据材料采购计划和进场计划建立相关管理制度，如材料采购应遵守就地取材的原则，产地距施工现场500km范围内；用量大、使用时间长、供应运输方便的材料，应当分期分批进场，以减少材料堆场和仓库占用面积；进场的材料可采取DCS动态电子汽车衡，对进场各种材料进行动态自动计量等。

现场材料加工应根据材料类别及使用方式建立相关管理制度，如提前深化设计管理，优化、加工翻样制度，以避免在材料加工中产生浪费、减少加工损耗；建立下脚料回收利用制度，提高加工余料的合理利用率。

建筑材料堆放应当根据用量多少、使用时间长短及使用部位建立相关管理制度，如材料堆放位置的要求：地基应坚实、平坦、要有排水措施，符合安全、防火的要求；材料堆放地点的要求：施工现场各种工具、构件、材料的堆放必须按照总平面图规定的地点放置，堆放地点应选择适当，便于运输和装卸，应减少二次搬运；材料摆放要求：各种材料物品必须堆放整齐，库房应当按照材料品种、规格堆放，并设明显标牌，标明名称、规格和产地等。

材料发放应建立限额领料制度，使材料的发出控制在规定限额之内，有利于经济合理地使用材料。项目应先制订合理的材料消耗定额，按定额确定一定时期领用材料的限额，按规定限额领发材料，超限额领用材料时，须说明缘由，报请审批并另行填制领料单。同时包含限额领料的执行情况，可使用限额领料单或将限额卡与领料单结合使用。

各项管理制度应明确各部门职责，并在相应位置上墙公示。

【评价方法】

（1）查阅材料进场相关计划及其动态调整记录；

（2）查阅材料采购、限额领料等各项管理制度是否健全，执行是否到位。

5.1.3 项目部应制订用水、用能消耗指标，办公区、生活区、生产区用水、用能单独计量，并建立台账。

【条文解析】

本条规定了绿色施工策划文件中应包含水、用能消耗总目标，包括办公区、生活区、生产区水、用能消耗目标，分区域设定目标值，现场采取有针对性的措施，保证用水、用能消耗总目标的实现。目标值可以根据具体工程，经分析计算及以往经验确定，也可根据施工企业自身经验或预算值确定。

目标值一般可以表达成每万元产值水耗、用能消耗。水耗基本单位为t/每万元产值，用能消耗基本单位为标准煤t/每万元产值。各类能源转化标准煤，参照《中国能源统计年鉴——各种能源折标准煤参考系数》。

【实施要点】

施工现场临水、临电管道和线路应合理设计和布置。在编写临水、临电施工组织设计/施工方案时，应对办公区、生活区、生产区分别进行计算和设计，分别布置和安装水表和电表。

水源消耗总目标包括传统水源消耗和非传统水源消耗使用目标。传统水源应按施工作业区、办公区、生活区设置分区目标，按阶段设置分阶段目标，使施工过程节水考核取之有据。项目部应按地基基础工程阶段、结构工程阶段、装饰装修与机电安装工程阶段的水资源使用台账，对照水务公司签发的水费单，确保项目用水数据统计准确。

对办公区、生活区、生产区用水、用能分别定期（每月）统计计算。用能消耗主要指施工现场消耗的电、油等能源。统计表格可参考表5-1～表5-5。

表5-1 传统水源使用统计表（m^3）

时间区间	施工作业区	办公区	生活区	小计	万元产值用水量	施工阶段

续表 5-1

时间区间	施工作业区	办公区	生活区	小计	万元产值用水量	施工阶段
合计						

表 5-2　工程施工用电统计表（kW·h）

时间区间	施工作业区	办公区	生活区	小计	施工阶段
合计					

表 5-3　工程施工用油统计表（L）

车辆类型	油类型（汽油、柴油）	台班数	油耗	折合标准煤（t）	施工阶段

表 5-4　工程施工其他能源消耗统计表

时间区间	能源形式（单位）	施工作业区	办公区	生活区	小计	折合标准煤（t）	施工阶段

表 5-5　工程施工用能汇总表［折合标准煤（t）］

时间区间	施工作业区	办公区	生活区	小计	万元产值用能	施工阶段
合计						

【评价方法】

（1）查看绿色施工策划文件中项目用水、用能总目标和办公区、生活区、生产区的分目标值；

（2）查阅办公区、生活区、生产区等用水、用能统计台账；

（3）现场检查办公区、生活区、生产区是否分别安装水表、电表，并独立统计。

5.1.4　项目部应了解施工场地及毗邻区域内人文景观、特殊地质及基础设施管线分布情况，制订相应的用地计划和保护措施。

【条文解析】

基于保护和利用的要求，施工单位在开工前要熟悉和掌握场地情况，了解地质及地下管线情况，并制订相应措施。

（1）《中华人民共和国文物保护法》（2017 年修改）：

第二十条：实施原址保护的，建设单位应当事先确定保护措施，根据文物保护单位的级别报相应的文物行政部门批准；未经批准的，不得开工建设。

（2）《城市道路管理条例》（国务院令第 198 号）：

第十二条：城市供水、排水、燃气、热力、供电、通信、消防等依附于城市道路的各种管线、杆线等设施的建设计划，应当与城市道路发展规划和年度建设计划相协调，坚持先地下、后地上的施工原则，与城市道路同步建设。第三十条：未经市政工程行政主管部门和公安交通管理部门批准，任何单位或者个人不得占用或者挖掘城市道路。第三十一条：因特殊情况需要临时占用城市道路的，须经市政工程行政主管部门和公安交通管理部门批准，方可按照规定占用。经批准临时占用城市道路的，不得损坏城市道路；占用期满后，应当及时清理占用现场，恢复城市道路原状；损坏城市道路的，应当修复或者给予赔偿。

（3）《建设工程安全生产管理条例》（国务院令第 393 号）：

第六条：建设单位应当向施工单位提供施工现场及毗邻区域内供水、排水、供电、供气、供热、通信、广播电视等地下管线资料，气象和水文观测资料，相邻建筑物和构筑物、地下工程的有关资料，并保证资料的真实、准确、完整。

【实施要点】

开工前对施工影响范围内或毗邻区域中由于历史形成的、与人的社会性活动有关的建筑、道路、摩崖石刻、神话传说、人文掌故等景物进行识别，依据相关管理办法和规定编制保护方案，报请主管部门批准同意后在施工中遵照实施。

依据建设单位提供的场地工程地质勘察报告，掌握特殊工程地质及基础设施管线分布情况，制订科学合理的用地计划，减少对周边土地资源、水资源的破坏和减小交通出行及施工安全的影响。

施工组织设计、施工方案应对各种地下设施、文物和资源等制订保护措施及应急预案。施工人员进入现场前应进行相关教育。在施工过程中发现文物，依据制订的相应措施和预案，及时向文物管理部门报告，杜绝因施工破坏自然人文景观的情况。

生产临建、生活临建布置避开有关人文景观、特殊地质及基础设施管线的占地控制范围。

【评价方法】

（1）核查施工场地及毗邻区域内有关人文景观、特殊地质及基础设施管线识别记录及保护方案，对照方案核实相关保护措施落实情况；

（2）对可能存在人文景观、特殊地质及基础设施管线的施工项目，核查交通疏解、基坑支护等应急预案制订情况，并核实施工中是否严格按应急预案实施保护；

（3）临建设施的用地计划，对照方案核实相关落实情况。

5.2 一 般 项

5.2.1 临时设施应包括下列内容：

1 合理规划设计临时用电线路铺设、配电箱配置和照明布局；

2 办公区和生活区节能照明灯具配置率达到100%；

3 合理设计临时用水系统，供水管线及末端无渗漏；

4 临时用水系统节水器具配置率达到100%；

5 采用多层、可周转装配式临时办公及生活用房；

6 临时用房围护结构满足节能指标，外窗有遮阳设施；

7 采用可周转装配式场界围挡和临时路面；

8 采用标准化、可周转装配式作业工棚、试验用房及安全防护设施；

9 利用既有建筑物、市政设施和周边道路；

10 采用永临结合技术；

11 使用再生建筑材料建设临时设施。

【条文解析】

临时设施是指为保证施工和管理的正常进行而临时搭建的各种建筑物、构筑物、临水临电系统和其他设施；根据《中华人民共和国城乡规划法释义》第44条：“临时建设是城镇建设中，因临时需要搭建的结构简易、依法必须在规定期限内拆除的建筑物、构筑物或其他设施”“临时建设是相对于永久性建设而言的，临时建设具有临时性，即用后就要及时拆除；拆除的方式是自行拆除”“临时建设规划许可的审批条件是：不得对城市、镇的近期建设规划的实施产生影响；不得对城市、镇的控制性详细规划的实施产生影响；也不得对城市、镇的交通、市容、安全等造成干扰”“授权省、自治区、直辖市人民政府制定各自关于临时建设和临时用地的规划管理的具体办法，有利于各地根据本地的实际情况和需要，提出有针对性和可操作性的、符合自身实际需要的办法。省、自治区、直辖市人民政府可以在政府规章中规定具体的临时建设的批准机关、批准程序等内容”。

施工现场临时设施较多，按照使用功能可分为：生产设施（施工区）、办公设施、生活设施、辅助设施。临时建筑物使用年限为5年。施工现场各项临时设施具有可周转、标准化、可利用既有环境等特点，是资源节约的重要环节之一；科学合理地应用临时设施，才能达到资源节约的目的。

本条给出临时设施的11个具体措施，分别从临时用水用电、临时用房、围挡及路面、施工棚及安全防护以及利用既有环境和永临结合等方面，规定临时设施的范围、特性和要求。施工中应结合实际情况，以简易施工、节约材料为目的，全部或部分采用，同时也鼓励施工单位根据工程具体情况，积极采取其他达到资源节约目的的临时设施应用措施。

款1 **合理规划设计临时用电线路铺设、配电箱配置和照明布局。**

【实施要点】

（1）临时用电须编写专项方案，用电负荷计算准确，工程整个施工周期用电量相对平衡，应避免短时间内出现高负荷现象，从而减少变配电设备、线路的投入；

（2）变压器、一级配电箱应尽量设置于用电负荷中心，即减少配电线路长度，从而减少线路损耗；

（3）配电箱数量、位置、回路配置合理，位置相对固定，能满足现场生活、施工用电要求；二级配电箱应置于其控制区域相对中心、便于操作的位置，箱两端线缆预留长度不应过长；

（4）照明布局各回路用电负荷应尽量平衡，减少中性线电流，降低中性线损耗。

【评价方法】

查阅临电设计书、临电布置图、巡查施工现场等。

款2 办公区和生活区节能照明灯具配置率达到100%。

【实施要点】

（1）办公区和生活区全部采用节能照明灯具，推荐使用LED光源灯具；道路安装太阳能LED路灯，节约用电；

（2）公共部位灯具控制应采用红外、声光自动控制；室内灯具分区控制，可根据室外亮度控制室内灯具开启数量；

（3）做好节能照明灯具使用情况的统计汇总，格式可参照表5-6。

表5-6 节能照明灯具使用情况统计汇总表

序号	名称	型号	设备容量（kW）	灯具数量	设计数量	使用区域	配置率（%）
1							
2							

【评价方法】

（1）查看项目节能照明灯具一览表，临时用电设计书，检查节能照明灯具配置率；

（2）现场检查；

（3）查阅节能器具采购清单及产品合格证。

款3 合理设计临时用水系统，供水管线及末端无渗漏。

【实施要点】

建筑工地临时用水主要包括：生产用水、生活用水和消防用水三种，用水量大。同时，施工现场占地面积大，临时用水系统合理布局，不仅便于施工管理，也能节约水资源。应在满足施工需求的情况下，优化供水管网线路。若管线发生渗漏会造成大量的水资源浪费，应及时发现，进行修理并记录。

【评价方法】

（1）查阅用水系统分区布置图，修理记录；

（2）现场检查管道及末端渗漏水情况。

款4 临时用水系统节水器具配置率达到100%。

【实施要点】

应严抓末端管控，全部采用节水器具，可大量节约水资源，节水器具选用标准应符合行业标准《节水型生活用水器具》CJ/T 164—2014规定。做好节水器具配置使用统计汇总，格式可参照表5-7。

表5-7 节水器具配置使用统计汇总表

序号	名称	型号	节水标准	数量	设计数量	使用区域	配置率（%）

【评价方法】

（1）查阅节水器具配置使用统计汇总表，临时用水设计书，检查节水器具配置率；

（2）现场检查。

款5 采用多层、可周转装配式临时办公及生活用房。

【实施要点】

新建工地临时办公用房、宿舍用房，应当使用环保型可拆装的装配式轻钢活动板房，厕所、浴室、门卫室提倡使用环保型整体式钢板房。禁止利用在建工程兼作办公、生活临时用房。生产设施（作业区）要与办公区、生活区分开，并保持一定的安全距离，即不在有地下管线、施工坠落半径范围内，同时要在高压线放电距离之外，如不能躲避必须要有防护措施。作业工棚、试验用房及安全防护设施，应标准化，可重复利用。

【评价方法】

（1）临时办公及生活用房的材料进场记录、回收记录、拆除出场纪录等；

（2）现场检查或查阅应用期间的图片或影像资料。

款6 临时用房围护结构满足节能指标，外窗有遮阳设施。

【实施要点】

考虑到临时设施的建筑规模及功能属性，建议按照乙类公共建筑的围护结构热工性能规定执行。对寒冷地区、夏热冬冷、夏热冬暖地区外窗的遮阳系数均提出了相应的限值要求，施工现场临时设施宜参照国家标准《公共建筑节能设计标准》GB 50189—2015 执行。

施工现场临时设施的墙体、屋面板等部位使用保温隔热性能指标达标的节能材料，可以显著降低临时设施的能耗。

【评价方法】

（1）检查板房材料检验报告，热工性能是否满足标准要求；

（2）查阅遮阳设施说明书，如采用可调节遮阳设施的，查阅可调遮阳覆盖率计算参数表。

款7 采用可周转装配式场界围挡和临时路面。

【实施要点】

施工场界围挡最大限度地利用施工红线内的已有围墙，已有围墙不满足安全要求时，可通过周转材料进行临时搭接；新建围墙采用可周转装配式的场界围挡（可移动式装配式围挡、无立柱式装配式围挡等），对围墙有特殊要求的围挡，如临街广告等，在满足材质和高度要求的情况下，尽可能设计可周转围挡并充分考虑永临结合方式。

临时路面尽可能采用可周转装配式材料，如预制混凝土板或拼装式可周转钢板。临时路面的设计也可充分考虑永临结合的方式，可有效减少临时施工道路破除的资源浪费及环境污染。

【评价方法】

（1）采用可周转装配式的场界围挡和临时路面，留存其材料进场记录、回收记录、拆除出场纪录等；

（2）各项措施实施的施工方案，方案审批手续齐全；

（3）现场检查或查阅应用期间的图片或影像资料。

款8 采用标准化、可周转装配式作业工棚、试验用房及安全防护设施。

【实施要点】

作业工棚、试验用房及安全防护设施等属于生产设施及辅助设施，一般在施工作业区内，要与办公区、生活区分开，并保持一定的安全距离，即不在有地下管线、施工坠落半径范围内，同时要在高压线放电距离之外。

作业工棚、试验用房及安全防护设施应标准化，可重复利用。临时设施鼓励采用整体式可周转的作业工棚及试验用房，同时在搭设期间要考虑相应安全防护措施，如工具式加工车间，搭设尺寸根据现场实际确定，顶层应设置双层硬质防护；如集装箱式标准试验室，室内管线应全部选择暗敷，不易被破坏而造成危险。

【评价方法】

（1）可周转设施的材料进场记录、回收记录、拆除出场纪录等；

（2）作业工棚、试验用房及安全防护设施平面位置图；

（3）若公司或集团有相关标准化要求，留存标准化文件；

（4）现场检查或查阅应用期间的图片或影像资料。

款9 利用既有建筑物、市政设施和周边道路。

【实施要点】

对于施工现场原有的、安全使用满足要求的建筑物要充分利用。对于市政设施，如：雨水、污水、上水、中水、电力（红线以外部分）、电信、热力、燃气等管线，还有广场、城市绿化、周边道路等设施，要根据现场情况合理充分利用，为施工服务，节约资源和成本。利用既有建筑物等应编制相应施工方案，并按照表5-8格式，做好既有建筑物等利用记录。

表5-8 既有建筑物等利用记录表

工程名称			
序号	项目	数量［面积（m^2）、长度（m）］	应用情况
1	房屋		
2	道路		
3	市政管线		
……	……	……	……
填表人		时间	

【评价方法】

（1）施工现场既有建筑物、市政设施和周边道路的平面位置图、分布图或管线走向图；

（2）核查既有建筑物等利用记录表；

（3）利用既有建筑的相关审批手续；

（4）现场检查或查阅应用期间的图片或影像资料。

款 10 采用永临结合技术。

【实施要点】

施工现场永临结合形式有永久道路与临时道路结合、永久供水管与临时水管线结合、永久照明路线与临时路线结合、永久围挡与临时围挡结合等。施工单位在施工策划阶段就要结合工程资源充分考虑永临结合技术。提前与设计单位进行沟通，在满足设计要求的前提下实施永临结合，需设计单位出具设计变更。永临结合形式按照永久性标准进行施工，提高了工程质量，同时使施工环境变得更加绿色，满足绿色可持续发展要求。提高综合利用率，减少资源浪费与消耗，以尽可能小的资源消耗换取最大的经济利益。

【评价方法】

（1）查阅设计单位出具的洽商变更，并附有设计规划图纸；

（2）核查施工现场原有地貌资料及原有道路、管线资料。

款 11 使用再生建筑材料建设临时设施。

【实施要点】

建筑垃圾分类回收后，在施工现场或再生工厂通过环保的方式进行再造，成为可利用的再生建筑材料，如再生骨料、再生混凝土、再生模板、再生砖和再生砌块等。在进行临时设施的建设时应优先选用再生建筑材料制作，如：采用聚丙烯再生料制作的管材当作办公及生活用房的排水管、将建筑垃圾打碎后生产为再生骨料在满足设计标准后用于地面填筑施工、废弃的建筑混凝土经再生利用制成环保节能的砌砖；同时临时设施的材料应满足可回收利用的要求。再生建筑材料不可直接用于建筑结构，如用于主体结构或对安全有影响的部位，应得到设计单位的认可，并出具相关文件或证明材料。

【评价方法】

（1）查阅临时设施进场记录及再生建筑材料的产品合格证，保证相关手续齐全；

（2）相关技术方案及深化、优化等文件；

（3）具有可再生建筑材料生产厂家相关资质。

5.2.2 材料节约应包括下列内容：

1 利用建筑信息模型（BIM）等信息技术，深化设计、优化方案，减少用材、降低损耗；

2 采用管件合一的脚手架和支撑体系；

3 采用高周转率的新型模架体系；

4 采用钢或钢木组合龙骨；

5 利用粉煤灰、矿渣、外加剂及新材料，减少水泥用量；

6 现场使用预拌混凝土、预拌砂浆；

7 钢筋连接采用对接、机械等低损耗连接方式；

8 墙、地块材饰面预先总体排板，合理选材；

9 对工程成品采取保护措施。

【条文解析】

材料节约即建筑材料节约，建筑材料是在建筑工程施工中所应用的各种材料的统称，是建筑结构、装饰最主要的组成部分，分为结构材料、装饰材料、周转材料及某些专用材料。建筑材料种类庞杂，用量庞大，在工程施工中消耗大量的自然资源及能源，采取相应的材料节约措施是降低自然资源及能源消耗，实现资源节约型社会、绿色建筑施工目标的必不可少的方法。

材料节约的原则：在满足设计要求和工程使用安全的前提下，节约材料通过材料的选择和加工的优化、创新改变传统工艺、混合材料的合理配比、材料运输的损耗控制等方式。掌握材料节约的原则，并将其应用于建筑工程所有材料的节约使用措施中。

周转材料主要包括模架材料。模架材料通常指脚手架支撑体系及龙骨固定体系，这是两种施工现场最常见的模架材料，且用量超过绝大部分工程材料；模架材料的应用涉及材料节约、人力节约及环境安全的综合性绿色施工要求，在节材与材料资源利用中属于重中之重，在施工中应该特别重视。

本条包含施工现场材料节约的 9 款措施，主要通过材料优化、采用高周转率的木架材料、成品保护、信息技术应用四个方面进行约束。施工应结合实际情况，以节约材料、减少垃圾产生量、节约人力为目的，认真落实这 9 项措施，同时材料节约的方式很多，本标准不宜列举周全，施工单位应根据工程具体情况，积极采取更多的材料节约应用措施，积极采取这 9 款以外的材料节约应用措施。

款 1 利用建筑信息模型（BIM）等信息技术，深化设计、优化方案，减少用材、降低损耗。

【实施要点】

随着互联网技术迅速发展，信息技术已在我国建筑业逐步推广应用。建筑业常用的信息技术有：物资全过程监管技术、绿色施工在线监控技术及建筑信息模型（BIM）技术等。

利用 BIM 技术可以比较容易地实现模块化设计和构件的零件化、标准化，在建筑工业化中的应用有天然的优势，如设计过程中的空间优化、减少错漏碰缺、深化设计需求、施工过程的优化和仿真、项目建设中的成本控制等。施工单位根据具体情况选择节材与材料资源利用方面相关的信息化技术，通过信息化技术进行深化设计、方案优化，达到节约材料、降低损耗等目的。

【评价方法】

（1）查阅项目 BIM 施工模拟方案；

（2）应用信息化技术进行的深化设计、方案优化等文件；

（3）信息化技术设备、应用过程的图片或影像资料。

款 2 采用管件合一的脚手架和支撑体系。

【实施要点】

施工单位根据工程具体情况，选择合适的脚手架和支撑体系，国内市场上比较通用的脚手架有两大类：框式脚手架，包括门式脚手架、塔式脚手架；承插式脚手架，包括碗扣式脚手架、键槽式脚手架、插销式脚手架及扣件式脚手架。通过多年的实践，这两种类型的脚手架在技术、成本及安全上的优势更大，施工工效更高，安全稳定性更加可靠。编制相应施工方案，使施工安排满足安全性、合理性。

【评价方法】

（1）材料进场记录、回收记录等；

（2）相关技术方案及方案交底，方案审批手续齐全，交底中包含绿色施工内容；

（3）现场检查或查阅应用期间的图片或影像资料。

款3 采用高周转率的新型模架体系。

【实施要点】

施工单位根据工程具体情况，选择采用高周转率的新型模架体系，如铝合金、塑料、玻璃钢、绿建清水模架体系和其他可再生材质的大模板和钢框镶边模板；编制相应施工方案，方案中明确模架周转次数，并留有记录，在满足合理、安全的前提下，尽可能多地周转模板，可使节材效果更明显。

【评价方法】

（1）模板材料进场记录、周转纪录、回收记录等；

（2）相关技术方案及方案交底，方案审批手续齐全，交底中包含绿色施工内容；

（3）现场检查或查阅应用期间的图片或影像资料。

款4 采用钢或钢木组合龙骨。

【实施要点】

施工单位根据工程具体情况，选择采用钢或钢木组合龙骨。与木龙骨相比，钢或钢木组合龙骨平整度高、平稳度好、抗扭曲、承载力大、通用性强、寿命长、周转率高、保值率好、性价比高、既节能环保又安全可靠、节省材料。编制相应施工方案，使施工安排满足安全性、合理性。

【评价方法】

（1）材料进场记录、回收记录等；

（2）相关技术方案及方案交底，方案审批手续齐全、交底中包含绿色施工内容；

（3）现场检查或应用查阅期间的图片或影像资料。

款5 利用粉煤灰、矿渣、外加剂及新材料，减少水泥用量。

【实施要点】

在材料的加工和使用中，为使大宗的主要建筑材料损耗率比定额损耗率降低应有有效的措施、达到可观的效果。混凝土施工时，应采用商品混凝土。在与商品混凝土厂家签订合同中应明确，在满足混凝土强度的条件下，利用粉煤灰、矿渣、外加剂及新材料，减少水泥用量。

【评价方法】

（1）与商品混凝土厂家签订的合同；

（2）混凝土加工小票，小票上需要明确粉煤灰、矿渣、外加剂及新材料的种类及用量。

款6 现场使用预拌混凝土、预拌砂浆。

【实施要点】

预拌混凝土由专业混凝土搅拌站生产，常用集约化方式，在保障质量的前提下，能够节约材料，减少对环境的负面影响。商务部、原建设部等在2003年发布了《关于限期禁止在城市城区现场搅拌混凝土的通知》，通知要求有关城市工程施工普遍采用预拌混凝土。项目应该根据工程进度采购预拌混凝土，预拌混凝土的性能指标应符合国家标准《预拌混凝土》GB/T 14902—2012的规定。预拌混凝土进场前应进行检验。

预拌砂浆是指由专业化厂家生产的、用于建设工程中的各种砂浆拌合物，是我国近年发展起来的一种新型建筑材料，按性能可分为普通预拌砂浆和特种砂浆。预拌砂浆进场前要进行检验，检查质量证明文件、记录是否留存齐全；其储存要得当，储存容器及其他条件应满足要求。

【评价方法】

（1）预拌混凝土、预拌砂浆质量证明文件、进场检验记录；

（2）工程现场存放容器及图片或影像资料。

款7 钢筋连接采用对接、机械等低损耗连接方式。

【实施要点】

钢筋连接接头应尽量设置在受力较小处，应避开结构受力较大的关键部位。钢筋的对接连接具有：生产效益高、操作方便、可节约能源、可节约钢材、接头受力性能好、焊接质量高等很多优点，故钢筋的对接连接可优先采用闪光对焊；机械连接方式操作简便、施工速度快、损耗低、节约能源和材料、综合经济效益好，该方法已在工程中大量应用。施工单位根据具体情况，确定本工程钢筋连接的方式，并编制相应施工方案。

【评价方法】

（1）钢筋施工方案，方案审批手续齐全；

（2）现场检查或应用期间的图片或影像资料。

款8 墙、地块材饰面预先总体排板，合理选材。

【实施要点】

施工图深化设计的含义：以原设计为依据，结合工程现场，对一些图纸中具体内容不详和现场不相吻合的地方进行修改或重新设计，并且达到监督现场放线指导现场施工要求。装修阶段墙、地块材饰面预先总体排板是设计延伸，主要内容是协调各相关专业单位，解决深化设计过程中所发现的问题，完善设计，优化工艺，减少材料浪费。

墙、地块等饰面施工没有详图规定，为满足整体效果，要事先做好深化设计预先总体排板；根据排板规划，合理选择材料尺寸、确定用量，从节材角度出发，避免返工。同时深化排板确定后，须对施工作业人员进行交底，交底中包含绿色施工内容。

【评价方法】

（1）深化设计排板图，相关手续齐全；

（2）交底文件；

（3）现场检查或施工完成后的效果图片或影像资料。

款9 对工程成品采取保护措施。

【实施要点】

成品保护特指在工程施工过程中的成品和半成品保护。在采购和运输过程中的保护由公司负责，在施工现场的保护由工程部项目经理负责。对提前安装的设备必须采取行之有效的保护措施，并制订相应的保护制度和保护措施。对工程成品、半成品要采取保护措施，避免碰撞损坏造成浪费。

【评价方法】

（1）成品保护方案，方案审批手续齐全；

（2）成品保护制度；

（3）现场检查或应用期间的图片或影像资料。

5.2.3 用水节约应包括下列内容：

1 混凝土养护采用覆膜、喷淋设备、养护液等节水工艺；
2 管道打压采用循环水；
3 施工废水与生活废水有收集管网、处理设施和利用措施；
4 雨水和基坑降水产生的地下水有收集管网、处理设施和利用措施；
5 喷洒路面、绿化浇灌采用非传统水源；
6 现场冲洗机具、设备和车辆采用非传统水源；
7 非传统水源经过处理和检验合格后作为施工、生活非饮用用水；
8 采用非传统水源，并建立使用台账。

【条文解析】

淡水资源是最为宝贵和不可替代的自然资源。为指导节水技术开发和推广应用，推动节水技术进步，提高用水效率和效益，促进水资源的可持续利用，国家发展改革委制定了《中国节水技术政策大纲》(2005年第17号)以2010年前推行的节水技术、工艺和设备为主，相应考虑中长期的节水技术，使用先进的施工工艺和设备。

2019年4月，国家发展改革委、水利部联合印发《国家节水行动方案》(发改环资规〔2019〕695号)，明确了节约用水总的指导方针。

建筑行业为了响应国家节约用水指导方针，把基坑施工封闭降水技术、基坑施工降水回收利用技术等专项技术列入《建筑业10项新技术》(2017版)"绿色施工技术"章节中，引导和鼓励建设工程节约用水。

本条包含用水节约的8款措施，主要包含节水施工工艺，非传统水源的收集、处理和利用等几个方面，施工应结合实际情况，以用水节约为目的，认真落实，同时鼓励施工单位应根据工程具体情况，积极采用更多的用水节约工艺技术和设备设施。

款1 混凝土养护采用覆膜、喷淋设备、养护液等节水工艺。

【实施要点】

混凝土养护是人为制造一定的湿度和温度条件，使刚浇筑的混凝土得以正常或加速其硬化和强度增长。混凝土之所以能逐渐硬化和增长强度，是水泥水化作用的结果，而水泥的水化需要一定的温度和湿度条件。

如果周围环境不存在该条件时，则需人工对混凝土进行养护，如使用洒水养护。由于混凝土养护周期长，养护用水量大，应采用先进的节水养护工艺，如覆膜、喷淋设备、养护液等方式。这些方式与传统洒水养护相比，能减少水资源的使用量，降低劳动强度，减少劳动力，提高养护效率而达到节约水资源的目的。

混凝土喷淋养护系统应实现养护面积全覆盖，不留死角。喷出的雾化水汽均匀，可以达到全天候、全湿润的养护质量标准，按需开启并记录开启情况，避免水资源的浪费以及因为养护不到位产生的质量问题。先设置蓄水池，蓄水池始终保证有足够的蓄水量，防止水泵在缺水状态下工作，造成设备损坏。安装水泵抽水，使喷射高度满足混凝土养护最高处要求，有足够的水压将水花喷射到混凝土养护面上，同时满足养护混凝土所需的用水量。喷淋喷水时，水柱在混凝土面上能够散射开，使洒水范围变大，满足混凝土养护要求。

【评价方法】

(1)查阅混凝土养护工艺技术方案；

（2）现场检查或查阅应用期间的图片或影像资料。

款2 管道打压采用循环水。

【实施要点】

打压试验是判断管路连接是否可靠的常用方法，是工程建设必不可少的一项工序。在管道打压施工工艺过程中，用水量较大，打压用水应回收再利用。

在施工现场应配备循环水使用系统，将水收集、过滤、增压、使用，达到水资源循环使用和节约水资源消耗的目的。

【评价方法】

（1）管道打压施工方案及其技术交底；

（2）现场检查或应用期间的图片或影像资料。

款3 施工废水与生活废水有收集管网、处理设施和利用措施。

【实施要点】

施工废水和生活废水经物理、化学和生物的方法进行处理，使废水净化，减少污染，以至达到废水可回收、复用的目的，充分利用水资源。应制订废水回收利用措施，回收措施分为三类：物理处理法如三级沉淀池等；化学处理法如膜分离技术等；生物处理法如添加微生物技术等。设置收集管网、处理设施，制订科学合理的废水利用措施。对于拟再利用的废水，应进行水质检测，水质应当符合工程质量用水和生活卫生水质标准。

【评价方法】

（1）查阅施工与生活废水收集、处理和利用的实施方案及其使用情况介绍；

（2）现场检查或查阅应用期间的图片或影像资料。

款4 雨水和基坑降水产生的地下水有收集管网、处理设施和利用措施。

【实施要点】

雨水和基坑降水会产生大量的水资源，将其妥善地收集存储，并加以利用是可持续发展理念的具体实践。应将基坑降水和雨水进行收集存储，同时利用场内地势高差、临建屋面将雨水通过有组织排水汇流收集后，经过渗蓄、沉淀等处理，在施工现场循环利用。

【评价方法】

（1）查阅雨水和基坑降水收集、处理和利用的实施方案及其使用情况介绍；

（2）现场检查或查阅应用期间的图片或影像资料。

款5 喷洒路面、绿化浇灌采用非传统水源。

施工现场在洒水抑制扬尘、绿化浇灌时都需要使用大量的水资源。洒水抑制扬尘、绿化浇灌对水资源的水质要求不高，项目部应优先采用非自来水源。施工现场可采用的非自来水源包括非传统水源以及江、河、湖、海水源，地下水、雨水等。非自来水源在使用前，应满足不同用水需求的对应要求。

【评价方法】

（1）查阅喷洒路面、绿色浇灌实施方案；

（2）比对本标准 5.2.3 条款 3、本标准 5.2.3 条款 4 的实施情况。

款6 现场冲洗机具、设备和车辆采用非传统水源。

【实施要点】

出场车辆、机械都比较泥泞污浊，同时数量众多，对冲洗水质要求不高且消耗大量水资源，应采用非传统水源冲洗。设置循环水收集处理装置，对施工废水和雨水进行收集、沉淀、处理、吸纳等多个工序后，用于冲洗车辆、机具、设备。利用循环水，提高循环水使用率。

【评价方法】

（1）查阅机具、设备和车辆冲洗实施方案；

（2）比对本标准 5.2.3 条款 3、本标准 5.2.3 条款 4 的实施情况。

款 7　非传统水源经过处理和检验合格后作为施工、生活非饮用用水。

【实施要点】

现场开发使用的非传统水源应进行水质检测，并符合工程质量用水标准和生活卫生水质标准。

【评价方法】

（1）查阅非传统水源用于施工、生活用水的实施方案；

（2）查阅处理后的非传统水源水质监测报告；

（3）查阅购买或租赁的非传统水源净化装置有关单据。

款 8　采用非传统水源，并建立使用台账。

【实施要点】

施工现场的非传统水源主要包括本标准 5.2.3 条款 3、本标准 5.2.3 条款 4 所收集处理的施工废水、生活废水、雨水以及基坑降水。这些非传统水源的收集、处理和利用应该建立一个完整的系统，系统中应包括利用的水表计量等。非传统水源主要是用于本标准 5.2.3 条款 5、本标准 5.2.3 条款 6 和本标准 5.2.3 条款 7 所指的喷洒路面、绿化浇灌、冲洗机具、设备、车辆、施工和生活用水。非传统水源使用量统计台账可参考表 5-9 所示格式。非传统水源不同的利用终端应该分别记录用水量，最后再汇总统计。记录的时间区间应该与 5.1.3 条的用水统计时间区间大致相同，以便对比各阶段非传统水源利用的占比。

表 5-9　非传统水源使用量统计台账

时间区间	直接采用的江湖等水用量（m^3）	工地水处理中水使用量（m^3）	基坑水使用量（m^3）	雨水及其他二次水使用量（m^3）	小计（m^3）	非传统水源占总用水量的比例（%）	施工阶段
合计							

【评价方法】

（1）查阅非传统水源使用量统计台账；

（2）比对本标准 5.2.3 条款 5、本标准 5.2.3 条款 6、本标准 5.2.3 条款 7 的实施方案。

5.2.4　水资源保护应包括下列内容：

1　采用基坑封闭降水施工技术；

2　基坑抽水采用动态管理技术，减少地下水开采量；

3　不得向水体倾倒有毒有害物品及垃圾；

4 制订水上和水下机械作业方案，并采取安全和防污染措施。

【条文解析】

随着我国经济社会建设事业的不断发展，由地下水资源超采、水资源污染导致的环境、生态、健康问题已逐步显露。资源性缺水、水质性缺水和水环境污染已经成为经济与社会可持续发展的重要制约因素，水资源保护越来越受到重视。施工期间尽可能地维持原有地下水形态，不去扰动，这是对地下水最好的保护。不得已必须扰动时，应采取措施减少地下水的抽取。

从政策角度而言，2016年7月2日修改后的《中华人民共和国水法》提出了对水资源保护的新要求；2017年6月27日修改后的《中华人民共和国水污染防治法》明确了水污染防治的措施；国家标准《污水综合排放标准》GB 8978—1996规定了污染物最高允许排放浓度。

本条主要对减少地下水抽取、避免水体污染等方面，提出了4项保护措施。施工应结合实际情况，以用水资源保护为目的，认真落实，同时鼓励施工单位应根据工程具体情况，积极采取更多的水资源保护的工艺技术和防治措施。

款1 **采用基坑封闭降水施工技术。**

【实施要点】

基坑封闭降水是指在坑底和基坑侧壁采取截水措施，在基坑周边形成止水帷幕，阻截基坑侧壁及基坑底面的地下水流入基坑，在基坑降水过程中对基坑以外地下水位不产生影响的降水方法。基坑施工时应按需降水或隔离水源。

在我国沿海地区宜采取地下连续墙或护坡桩＋搅拌桩止水帷幕的地下水封闭措施；内陆地区宜采取护坡桩＋旋喷桩止水帷幕的地下水封闭措施；河流阶地地区宜采取双排或三排搅拌桩对基坑进行封闭，同时兼做支护的地下水封闭措施。

基坑封闭降水施工不仅保证了基坑的安全，同时也减少了地下水的抽取。

【评价方法】

（1）查阅基坑封闭降水施工方案；

（2）现场检查或查阅应用期间的图片或影像资料。

款2 **基坑抽水采用动态管理技术，减少地下水开采量。**

【实施要点】

施工期间尽可能维持原有地下水形态，不去扰动，这是对地下水最好的保护。必须扰动时，应采取措施减少地下水的抽取。

在施工过程中应动态监测基坑数据，监测对象主要包括：支护结构、相关自然环境、施工工况、地下水状况、基坑底部及周围土体、周围建（构）筑物、周围地下管线及地下设施、周围重要的道路和其他应监测的对象。

应编制降水方案，明确降水措施。如：封闭降水（止水帷幕）、明沟加集水井降水、轻型井点降水、喷射井点降水、电渗井点降水、深井井点降水等。通过信息设备实时监控地下水位，编制应急预案。在降水过程中应按需降水，达到保护水资源和周边环境的目的。

【评价方法】

（1）查阅基坑降水施工方案；

（2）地下水位监测数据；

（3）基坑施工安全应急预案。

款3 不得向水体倾倒有毒有害物品及垃圾。

【实施要点】

水上作业时，产生的垃圾不得向水体倾倒，应制订详细可操作的措施来解决施工现场产生的垃圾，制订垃圾处置制度等。同时由于靠近水体，施工作业时应制订水上作业防护措施避免垃圾对水体造成侵害。

【评价方法】

（1）查阅垃圾处置制度；

（2）水上作业防护措施。

款4 制订水上和水下机械作业方案，并采取安全和防污染措施。

【实施要点】

水上和水下机械相比其他机械更易接触到水体，同时机械易产生电镀废水、机械含油废水和含酚废水，极易造成水体破坏，对水资源产生危害。应制订水上和水下机械使用、保护措施，如：壳体材料和表面涂装处理、密封，机械设备定期保养等。

【评价方法】

（1）查阅水上和水下机械作业方案，重点查阅安全和防污染措施的有效性；

（2）查阅水上和水下机械定期保养记录。

5.2.5 能源节约应包括下列内容：

1 合理安排施工工序和施工进度，共享施工机具资源，减少垂直运输设备能耗，避免集中使用大功率设备；

2 建立机械设备管理档案，定期检查保养；

3 高耗能设备单独配置计量仪器，定期监控能源利用情况，并有记录；

4 建筑材料及设备的选用应根据就近原则，500km以内生产的建筑材料及设备重量占比大于70%；

5 合理布置施工总平面图，避免现场二次搬运；

6 减少夜间作业、冬期施工和雨天施工时间；

7 地下工程混凝土施工采用溜槽或串筒浇筑。

【条文解析】

施工现场消耗的能源包括电、油、气等，其主要是不可再生的能源，节能是实现可持续发展的需要，同时可以降低二氧化碳排放量，也是大气环境保护的需要。施工节能主要涉及机械使用节能、材料运输节能、施工组织设计和施工工艺技术的节能。

在施工现场，经常出现陈旧低效设备、与实际使用功率不匹配设备以及长期低负载运行的大功率设备，这些设备的使用不仅导致了能耗成本的增加，更重要的是因此造成能源浪费，对环境产生不利的影响，不能推进可持续发展。主要的能耗设备有挖掘机、推土机、塔式起重机、施工电梯、物料提升架、混凝土泵等。在施工前，应根据施工组织设计、施工总进度计划和现场实际施工情况，对施工工序和施工面进行合理规划，充分考虑施工机械设备的配置、选择和管理，在确保施工安全、质量和满足进度要求的前提下做到机械设备高效率和低能耗使用。

工程施工所使用的材料设备就地取材，可以节省大量运输过程中的能源消耗；运输能源消耗在建筑工程中体现在施工现场材料运输、垂直运输设备运转，提高材料计划准确性，减少因堆场材料富余而产生的二次转运；减少垃圾等占用设备情况，制订有效措施降低垂直运输设备的耗能。

建筑施工企业要适应当前建筑行业的快速发展现状，对现有施工工艺进行创新，积极运用新技术、新工艺，满足绿色施工要求。施工企业在施工组织过程中要积极采用先进施工技术，优化施工工艺，运用得当既能提高经济效益，又能满足建筑与市政工程绿色施工要求，从而提高企业竞争力。

本条包含能源节约的 7 项措施，主要在机械设备与器具、材料运输、施工组织与施工工艺技术四个方面提出了 7 项措施。施工应结合实际情况，以能源节约为目的，认真落实这 7 项措施，同时鼓励施工单位应根据工程具体情况，积极采用更多的能源节约工艺技术。

款 1 合理安排施工工序和施工进度，共享施工机具资源，减少垂直运输设备能耗，避免集中使用大功率设备。

【实施要点】

施工组织设计编制应合理安排施工工序和施工进度，对优化施工机械的配置进行专项论证或评审，实现共享施工机具资源，减少垂直运输设备能耗，避免集中使用大功率设备。

共享施工机具资源，就是要统筹考虑相邻工作面或工作区域的施工进展。例如 1 号钢筋加工场因工期紧张需要增加设备，2 号钢筋加工场能满足施工需求，则可调整 2 号钢筋加工场的施工进度为 1 号钢筋加工场分担部分工作；又如，原方案有两个工作面同时施工，需要同时配置两套施工设备，通过优化工序或工艺，使这两个工作面可错开施工，配置一套即可，优化设备配置，避免造成设备闲置，提高各类机械设备使用率。

减少垂直运输设备耗能，应从减少垂直运输需求着手。例如对于高层建筑垃圾可以考虑利用重力势能运输，减少垂直运输设备能耗；对于需要切割的墙体材料、装饰装修材料等，统筹在地面加工，减少垂直运输量；此外应该做好机械设备本身的保养，保证设备高效运转。

避免集中使用大功率设备，就是要合理安排施工进度，优化施工工序和施工方案，避免临时用电系统的高额配置，减少资源闲置。

【评价方法】

（1）检查施工组织设计中的施工进度、施工工序、施工区域划分，机械设备配置的情况；是否根据进度计划进行优化，是否进行评审，是否有评审记录；

（2）查阅机械设备配置优化的论证或评审记录、审批文件。

款 2 建立机械设备管理档案，定期检查保养。

【实施要点】

安排专人对机械设备进行管理，制定机械设备管理制度，建立机械设备管理档案，定期检查保养，建立机械设备保养台账（格式参见表 5-10），使设备正常使用，淘汰技术落后和返修率高的设备；建立设备的技术档案，有利于维修保养人员能够准确地对设备的整机性能做出判断，或尽快修复设备故障。

表 5-10 机械设备保养台账

设备名称		型号		备案编号	
保养日期	保养内容		异常情况		保养人

【评价方法】

（1）查阅机械设备管理制度；

（2）查阅机械设备保养台账。

款 3 高耗能设备单独配置计量仪器，定期监控能源利用情况，并有记录。

【实施要点】

对使用塔式起重机（燃油及电力）、施工电梯等高耗能设备单独配置计量仪器，监控其能耗情况，并做好记录，记录表格见表 5-11。应定期进行能耗数据分析，发现与实际产值有偏差时分析原因，采取相应措施及时纠偏。如燃油设备使用节能型油料添加剂，确保设备高效运行；或者优化设备使用频率，避免设备低负载运行，如使用塔式起重机将多次吊运的材料集中吊运，电梯根据高低峰情况调整运行频率等。

表 5-11 高耗能设备能耗记录表

设备名称:	设备编号:	功率:
使用时段	用电量（kW·h）/ 燃油量（L）	施工阶段
小计		

【评价方法】

（1）查阅机械设备管理制度；

（2）查阅高耗能设备能耗记录表。

款 4 建筑材料及设备的选用应根据就近原则，500km 以内生产的建筑材料及设备重量占比大于 70%。

【实施要点】

运距指施工现场至材料及设备产地距离，可以通过施工图纸对工程量进行核算，对无法进行图纸核量的部分可通过施工现场过磅称重进行统计，现场工程材料及设备运距统计表见表 5-12。

表 5-12 现场工程材料及设备运距统计表

工程主要材料使用清单					
序号	材料 / 设备名称	产地	运距＜ 500km	实际用量（t）	备注
1					

续表 5-12

工程主要材料使用清单					
序号	材料 / 设备名称	产地	运距< 500km	实际用量（t）	备注
2					
3					
4	材料累计				
5	距现场 500km 以内材料累计				
6	距现场 500km 以内材料占全部材料比例				

【评价方法】

（1）查阅现场工程材料及设备运距统计表；

（2）抽查材料及设备购买合同。

款 5 合理布置施工总平面图，避免现场二次搬运。

【实施要点】

总平面布置图应包含垂直运输设备塔式起重机、电梯、汽车式起重机等起重设备的场地，施工现场设置环形或可到达塔式起重机覆盖区域附近的硬化路面；提高计划控制准确性，合理设置材料堆场，避免因材料多余造成材料二次转运；合理安排施工工序，避免工序错乱造成材料堆场二次搬迁。

【评价方法】

（1）查阅施工总平面布置图，巡查现场；

（2）查阅材料采购计划；

（3）查阅图片或影像资料。

款 6 减少夜间作业、冬期施工和雨天施工时间。

【实施要点】

夜间作业需要设置照明设施，需额外消耗能源，而且夜间作业环境差，施工质量和作业环境安全性也难以得到保证；夜间施工还会造成光污染，扰民引发投诉，影响社会和谐，所以应加强施工组织管理，合理安排工期，保证施工进度，避免抢赶工期，从源头上减少夜间施工。

工程实施前要查询当地气候特点及相关数据；了解合同中对于工期及各节点的要求；熟悉施工工艺流程与施工工艺要求，在进度安排时，根据施工工艺的特点，尽量避开夜间、冬期施工和雨天施工；进度计划编制后及时报审，合理调配资源，保证关键线路工期进度，避免出现抢工赶工事件；进度计划执行过程中及时检查、纠偏、调整；编制季节性施工方案、夜间施工方案、应急预案、从施工组织层面保障。

最终达到减少夜间作业、冬期施工和雨天施工时间，或将在这些作业情况下对工程的不利影响降到最低。

【评价方法】

（1）检查施工部署、进度计划是否合理，是否尽量避开了夜间作业、冬期施工和雨天施工，是否可以进一步优化；

（2）检查施工方案，对于不可避免的夜间作业、冬期施工和雨天施工，是否有方案保证，方案中有没有优化措施。

款 7 地下工程混凝土施工采用溜槽或串筒浇筑。

【实施要点】

通过研究设计文件了解工程特点，结合工程周边具体地形地貌特点，明确可以采用溜槽或串筒浇筑地下混凝土的工程范围。制订专项施工方案，方案中明确工艺流程、溜槽串筒的平面布置、混凝土浇筑线路，尽量覆盖全部地下工程混凝土浇筑范围，明确溜槽或串筒浇筑要求，充分发挥溜槽或串筒浇筑的效益优势，降低能耗。

向下泵送的混凝土采用溜槽或串筒浇筑，可以减少泵送设备耗能。该技术主要是充分利用流体特性，浇筑过程中混凝土在重力作用下，具有较好的流动性，向下泵送过程中，无需借助外部动力，即可将混凝土输送至目标部位。

溜槽或串筒的试浇筑试验，由混凝土浇筑质量情况确定是否需要调整混凝土配合比，优化混凝土的工作性能，防止离析，使施工工艺既绿色环保又保障质量。

【评价方法】

（1）查阅地下工程混凝土施工方案、技术交底；

（2）现场检查或查看地下工程混凝土施工图片或影像资料。

5.2.6 土地保护应包括下列内容：

1 施工总平面根据功能分区集中布置；

2 采取措施，防止施工现场土壤侵蚀、水土流失；

3 优化土石方工程施工方案，减少土方开挖和回填量；

4 危险品、化学品存放处采取隔离措施；

5 污水排放管道不得渗漏；

6 对机用废油、涂料等有害液体进行回收，不得随意排放；

7 工程施工完成后，进行地貌和植被复原。

【条文解析】

土地资源的可持续利用是可持续发展的重要组成部分，随着我国城市化进程的不断推进，更加突显土地资源保护与水土保护是我国生态文明建设的重要组成部分更为突显，水利部 2015 年发布的《全国水土保持规划（2015—2030 年）》（水规计〔2015〕507 号）进一步强调了土地资源保护的重要性。

《中华人民共和国土地管理法》第一条：为了加强土地管理，维护土地的社会主义公有制，保护、开发土地资源，合理利用土地，切实保护耕地，促进社会经济的可持续发展，根据宪法，制定本法。

第十八条：国家建立国土空间规划体系。编制国土空间规划应当坚持生态优先，绿色、可持续发展，科学有序统筹安排生态、农业、城镇等功能空间，优化国土空间结构和布局，提升国土空间开发、保护的质量和效率。

第二十一条：城市建设用地规模应当符合国家规定的标准，充分利用现有建设用地，不占或者尽量少占农用地。城市总体规划、村庄和集镇规划，应当与土地利用总体规划相衔接，城市总体规划、村庄和集镇规划中建设用地规模不得超过土地利用总体规划确定的城市和村庄、集镇建设用地规模。

《中华人民共和国水土保持法》第一条：为了预防和治理水土流失，保护和合理利用水土资源，减轻水、旱、风沙灾害，改善生态环境，保障经济社会可持续发展，制定本法。

第三条：水土保持工作实行预防为主、保护优先、全面规划、综合治理、因地制宜、突出重点、科学管理、注重效益的方针。

第十七条：地方各级人民政府应当加强对取土、挖砂、采石等活动的管理，预防和减轻水土流失。

禁止在崩塌、滑坡危险区和泥石流易发区从事取土、挖砂、采石等可能造成水土流失的活动。崩塌、滑坡危险区和泥石流易发区的范围，由县级以上地方人民政府划定并公告。崩塌、滑坡危险区和泥石流易发区的划定，应当与地质灾害防治规划确定的地质灾害易发区、重点防治区相衔接。

第十八条水土流失严重、生态脆弱的地区，应当限制或者禁止可能造成水土流失的生产建设活动，严格保护植物、沙壳、结皮、地衣等。

第三十二条开办生产建设项目或者从事其他生产建设活动造成水土流失的，应当进行治理。

在山区、丘陵区、风沙区以及水土保持规划确定的容易发生水土流失的其他区域开办生产建设项目或者从事其他生产建设活动，损坏水土保持设施、地貌植被，不能恢复原有水土保持功能的，应当缴纳水土保持补偿费，专项用于水土流失预防和治理。专项水土流失预防和治理由水行政主管部门负责组织实施。水土保持补偿费的收取使用管理办法由国务院财政部门、国务院价格主管部门会同国务院水行政主管部门制定。

第三十八条对生产建设活动所占用土地的地表土应当进行分层剥离、保存和利用，做到土石方挖填平衡，减少地表扰动范围；对废弃的砂、石、土、矸石、尾矿、废渣等存放地，应当采取拦挡、坡面防护、防洪排导等措施。生产建设活动结束后，应当及时在取土场、开挖面和存放地的裸露土地上植树种草、恢复植被，对闭库的尾矿库进行复垦。

危险品、化学品应单独存放且地面应采取隔断和硬化处理；污物排放沿途也应采取安全隔离措施，避免直接接触水资源。危险品和化学品的管理，应严格遵循国家《爆炸物品管理规则》《危险品化学安全管理条例》等规定，杜绝一切污染土壤资源的行为。

款 1 施工总平面根据功能分区集中布置。

【实施要点】

根据施工规模及现场条件等进行施工总平面合理分区，将生活区、生产区、办公区等功能相同分区相对集中布置，确定现场临时加工厂、现场作业车间及材料堆场、办公生活设施等临时设施占地指标位置，并按占地指标进行设计。区域内宜采用共享的临时道路，区域间可共享隔离，减少对土地资源的浪费。

施工总平面图宜采用 BIM 等技术，建立三维模型，直观、高效地进行布置。施工现场合理划分施工分区，方便施工，最大限度地减少二次搬运，并利用标准化的设施进行分隔。

单位建筑面积施工用地率是施工现场节地状况的重要指标，其计算方法为：单位建筑面积施工用地率＝（临时用地面积／单位工程总建筑面积）×100%。

【评价方法】

（1）巡查施工现场，查阅施工现场平面布置方案、布置图；

（2）查阅施工现场临时设施布置优化方案。

款 2 采取措施，防止施工现场土壤侵蚀、水土流失。

【实施要点】

建筑工程施工现场应避免土体裸露，对裸露的土体以及不能及时清运的土方可采用防尘网、土工布等及时覆盖，防止土壤侵蚀、水土流失。

【评价方法】

（1）基于防止水土流失的措施、方案；

（2）核查现场土体覆盖、绿化情况相关图片或影像资料。

款 3 优化土石方工程施工方案，减少土方开挖和回填量。

【实施要点】

深基坑应制订减少施工过程对地下及周边环境影响的措施，在基坑开挖与支护方案的编制和论证时应考虑尽可能地减少土方开挖和外运，最大限度地减少对土地的扰动，保护生态环境。结合现场实际，优化基坑支护及土方开挖施工方案。

【评价方法】

（1）查阅土石方施工专项方案；

（2）查阅现场土石方开挖和回填优化方案。

款 4 危险品、化学品存放处采取隔离措施。

【实施要点】

施工现场的危险品、化学品较多，如：乙炔、氧气瓶、涂料等。采取隔离措施降低危险品、化学品造成的污染，起到保护土壤、避免污染的作用。

项目部应采取危险品、化学品隔离措施，如：场地硬化、分类储存、设置危险品仓库、配备消防设施等，从业人员做好安全教育工作，配备防护用品，并指派专人管理，做好危险品、化学品进出场台账，格式可参考表 5-13，编制危险品、化学品应急预案。

表 5-13 危险品、化学品进出场台账

序号	品种名称	日期	进场数量	出场数量	库存数量	签字确认

【评价方法】

（1）查看危险品、化学品存放隔离措施；

（2）查阅危险品、化学品进出场台账。

款 5 污水排放管道不得渗漏。

【实施要点】

施工废水主要为基坑废水、砂石料加工系统和浇筑等含悬浮物冲洗废水、施工车辆含油冲洗废水、混凝土养护和混凝土搅拌系统冲洗碱性废水等；生活废水主要为施工人员洗涤、冲厕等日常用水。

采用沉淀过滤、酸碱中和等有针对性的废水处理方式，达标排放；现场卫生间设置化粪池，厨房设置隔油池。沉淀池、隔油池、化粪池等及时清理，不得出现堵塞、渗漏、溢出等现象。

【评价方法】

（1）查看污水排放措施；

（2）查阅污水排水系统图。

款6 对机用废油、涂料等有害液体进行回收，不得随意排放。

【实施要点】

机用废油是那些源于石油或者合成油，已经被使用过的机械油，包括车辆、机械维修和拆解过程中产生的废发动机油、制动器油、自动变速器油、齿轮油等废润滑油。机用废油渗入土壤，会造成土壤污染，而且很难复原。

油料、化学品贮存要设专用库房，实行封闭式、容器式管理和使用，避免泄漏、遗洒。同时建立废油、涂料等有害液体登记处理台账，格式可参考表5-14所示，编制应急预案，避免随意排放对土壤造成污染。

表5-14 有害液体登记处理台账

日期	有害液体名称	来源	回收量	处理方式	签字确认
合计					

【评价方法】

（1）查阅有害液体回收管理制度措施；

（2）查阅有害液体登记处理台账。

款7 工程施工完成后，进行地貌和植被复原。

【实施要点】

工程施工完成后，应恢复施工活动破坏的植被（一般指临时占地内）。特别是在脆弱的生态环境条件下，要做好改善和恢复损毁的土地植被工作，加强对排土场人工和自然植被的保护，改善环境生态，进行植被恢复与重建。

【评价方法】

（1）现场查看或查阅施工前后地貌和植被复原图片或影像资料；

（2）查阅地貌和植被复原相应专项方案。

5.3 优 选 项

5.3.1 主要建筑材料损耗率宜比定额损耗率低50%以上。

【条文解析】

建筑材料是在建筑工程施工中所应用的各种材料的统称，分为结构材料、装饰材料及某些专用材料；结构材料包括木材、石材、竹材、水泥、混凝土、金属、砖瓦、陶瓷、玻璃、工程塑料、复合材料等；装饰材料包括各种涂料、油漆、镀层、贴面、各色瓷砖、具有特殊效果的玻璃等；专用材料是指用于防水、防潮、防腐、防火、阻燃、隔声、隔热、保温、密封等的材料；主要建筑材料指这三类材料中在工程施工中最常见且用量最多的材料，如混凝土、钢筋、木材、加气块、瓷砖、玻璃等。

材料损耗是指加工运输、安装等过程中产生的损耗，在施工定额中有所规定。绿色施工项目要加强管理和采取先进的科学技术措施等降低材料损耗。

【实施要点】

施工单位应制定有关材料节约的制度，在材料的运输、储存、加工和施工作业过程中，尽可能地降低损耗。根据具体情况，明确本工程所涉及的主要建筑材料，并计算主要建筑材料实际损耗率比定额损耗率的降低率。

依据材料定额损耗率（α）的计算公式，实际损耗率（β）＝［（损耗量（l）/ 净用量（n））］×100%。损耗量（l）＝总用量（t）－净用量（n），总用量（t）＝采购量（p）－成品剩余量（s），净用量（n）即为根据施工图计算的理论量。在此基础上，计算实际损耗率比定额损耗率的降低率（γ），γ＝［（$\alpha-\beta$）/α］×100%。计算结果形成主要材料损耗率汇总表（格式参见表 5-15）。

表 5-15　主要材料损耗率汇总表

材料名称	型号	定额损耗率（α）	采购量（p）	成品剩余量（s）	净用量（n）	实际损耗率（β）	降低率（γ）

【评价方法】

（1）主要材料损耗率汇总表；

（2）有关材料采购合同；

（3）外运成品材料凭证，包括项目方批件和接收方签收件；

（4）有关材料工程量清单。

5.3.2　宜采用钢筋工厂化加工和集中配送。

【条文解析】

钢筋工厂化加工和集中配送是指在专业加工厂或加工基地，采用合理的工艺流程和专业化成套设备加工，以及工厂数字化生产管理系统，利用设备计算机接口通信技术将采集到的工程设计电子文档、施工现场需求、订单等配筋数据信息转化为设备加工信息，最终将原材料钢筋加工成所需形状的产品，并通过物流环节配送到工地的一种新型工业化生产模式。

钢筋工厂加工降低了加工损耗，节约钢筋，降低成本。对于没有加工场地或场地狭小的施工单位，避免了场租、临建及二次倒运费用的支出，钢筋工厂化加工和配送省去了施工现场场地布置以及相关设备的搭设、维护、文明施工、安全等费用。既节省了场地又减少资金投入和材料浪费。

钢筋集中配送改变了长期以来手工操作、生产效率低的生产模式，实行专业化分工、规模化经营，符合企业集约化、专业化的发展理念，使建筑施工企业由劳动密集型向专业化施工管理转变，满足建筑施工企业改革的需要。

【实施要点】

施工单位与有资质的钢筋加工厂签订合同后，结合工程自身设计文件、结构图纸及施工进度计划安排，编制钢筋加工配送计划，钢筋加工厂按照计划编制下料单，并按规定时间配送；钢筋进场时进行验收，按照计划及下料单对钢筋规格及数量进行检验，并留有验收记录。

【评价方法】

（1）钢筋加工厂资质及委托书或合同；

（2）钢筋加工及配送计划；

（3）施工现场应用的图片或影像资料。

5.3.3 大宗板材、线材宜定尺采购，集中配送。

【条文解析】

建筑工程结构施工与装饰施工期间，会使用大批量的板材及线材材料，且由于应用部位不同，各类板材及线材所需尺寸不同，若在现场进行加工，对于没有加工场地或场地狭小的施工单位，会产生场租、临建及二次倒运费用，同时由于人工操作，材料浪费情况不可避免；采用大宗板材、线材定尺采购、集中配送，避免了施工现场场地布置等问题，既节省了场地又减少资金投入及材料浪费。

【实施要点】

施工单位根据具体情况，针对工程中的大宗板材、线材定尺采购，应事先根据阶段性使用量制订订货计划，采用集中配送的方式，可实现节能减排的目标；材料进场时，根据计划对材料进行验收。

【评价方法】

（1）大宗板材、线材定尺采购计划与合同；

（2）施工现场应用的图片或影像资料。

5.3.4 宜采用清水混凝土技术、免抹灰技术。

【条文解析】

清水混凝土工程是直接利用混凝土成型后的自然质感作为饰面效果的混凝土工程，根据行业标准《清水混凝土应用技术规程》JGJ 169—2009 规定，清水混凝土分为普通清水混凝土、饰面清水混凝土和装饰清水混凝土。根据清水混凝土饰面及质量要求，清水混凝土模板选择也不一样。清水混凝土具有朴实无华、自然沉稳的外观韵味，是一些现代建筑材料无法效仿和媲美的，其不需要装饰，省去了涂料、饰面等化工产品，是名副其实的绿色混凝土。

由于清水混凝土不用再装饰，在经济上节省了混凝土剔凿修补、装饰材料、装饰人工、装饰操作装备等费用，同时减少了装饰中可能发生的安全事故及剔凿修补中产生的噪声污染，因此其在经济安全以及社会效益上效果明显，是一种低碳环保的施工材料。

采用清水混凝土技术，无需修饰便可体现质朴简约混凝土特性，减少抹灰工序，材料的投入较少。由于清水混凝土无需进行拆除模板后的装修工程，因此在组模的阶段就大致决定其质量好坏。因此清水混凝土在配模、混凝土原材选择、混凝土施工等都应有严格的质量控制才能实现其清水效果。

免抹灰技术就是指使形成的墙面无需经过装饰，便可色泽均匀，平整光滑，不存在气泡、蜂窝以及麻面的技术。免抹灰技术极大程度提高了工程质量，缩短了工程建设周期，同时也有效地避免了土建施工中出现墙面开裂、粉刷层脱落的问题，有着良好的综合优势。

免抹灰技术通过采用新型模板体系、新型墙体材料或采用预制墙体，使墙体表面允许偏差、观感质量达到免抹灰或直接装修的质量水平。现浇混凝土墙体是通过材料配制、细部设计、模板选择及安拆、混凝土拌制、浇筑、养护、成品保护等诸多技术措施，使现浇混凝土墙达到准清水免抹灰效果。

采用免抹灰技术，不仅节约抹灰砂浆等资源、节省了施工时间、减少了作业扬尘、改善了工作环境，还减少人工的投入，保证了施工的进度。

【实施要点】

施工单位根据设计文件选择清水混凝土种类，确定模板类型；在模板设计前，根据要求对清水混凝土工程进行全面深化设计，设计出清水混凝土外观效果图，在效果图中明确明缝、禅缝、螺栓孔眼等位置，并编制相应施工方案；在施工过程中及施工完成后对清水混凝土工程效益进行分析总结。

施工单位根据设计要求及现场具体情况，编制相应施工方案；保留施工记录及施工照片；对免抹灰工程带来的效益进行分析总结。

【评价方法】

（1）查看清水混凝土、免抹灰施工方案，方案审批手续是否齐全；

（2）现场检查或参看施工现场应用的图片或影像资料。

5.3.5 宜充分利用物联网技术管控物资、设备。

【条文解析】

近年来，物资供应对项目的影响愈加突出，利用物联网技术管控物资、设备是指利用信息化手段建立从工厂到现场的“仓到仓”全链条一体化物资、物流、物管体系。通过手持终端设备和物联网技术，实现装卸、运输、仓储等整个物流供应链信息的一体化管控，实现项目物资、物流、物管的高效、科学、规范管理，解决传统模式下无法实时、准确地进行物流跟踪和动态分析的问题，从而提升工程项目物资、设备的监管水平。

充分利用物联网技术管控物资、设备，改善过去人为损失及配送成本高的问题，使材料储存有效支持供应链的其他环节，高效完成各种业务操作，减少库存支出，进一步降低物流费用，将材料储存管理系统与物联网技术相结合，实现材料管控的高能效。

【实施要点】

施工单位建立项目物资、设备监管平台，采用专业技术实现编码管理、终端扫描、节点控制、现场信息监控等功能，为项目提供物资、设备监管支撑。

【评价方法】

（1）查看物联网技术应用的过程管控资料、记录及图片或影像资料；

（2）现场检查物联网管控平台。

5.3.6 宜采用无污染地下水回灌。

【条文解析】

施工降水是一项在较短时间内从地下含水层大量抽排水资源的过程，也是地下水流动系统的能量重新分配和调整的过程。这个过程虽然保证了基坑施工的正常进行，但同时也极易导致负面效应：一是大量排水导致城市地下水资源短缺程度加剧；二是地下水系统能量的短期、剧烈调整，将打破工程降水影响范围内地基土体原有的应力平衡状态，进而导致周边土体变形失稳而危及地面建筑物安全。这些负面效应，成为采用施工降水作为水源回灌地下含水层的基本驱动因素。因此，地下工程降水采取回灌措施及目的和意义：（1）控制由于降水引发的地面沉降，最大限度地减少对邻近建筑物的影响（应力稳定型回灌）；（2）为减少地下水资源浪费而把抽排出的地下水回补到下部含水层或工程场地外围的含水层中（资源补充型回灌）。施工降水回灌不论从节约水资源、环境保护还是从经济效益的角度都具有重要意义。

【实施要点】

基坑施工过程中，有条件的应采取地下水回灌措施。地下水回灌的方法有多种，主要有利用地表水回灌、利用河道和沟渠行水回灌、利用水库、坑塘蓄水回灌和向井中注水回灌等。这些方法可单独使用，也可配合使用。回灌过程中，应实时监控数据，定期保养注水设备，回灌的水源应符合项目所在地回灌水要求。一般降水要经过水质处理，达到回灌水的水质要求，才能进行回灌。如果将被污染的降水回灌地下，将造成地下水污染，难以处理。

【评价方法】

（1）查看地下水回灌施工方案；

（2）检查回灌地下水的水质检测报告。

5.3.7 施工现场宜采用可周转的恒温恒湿蒸汽养护设施与自动控制系统。

【条文解析】

混凝土蒸汽养护相比蓄水养护能节约90%的用水量，节水率高；蓄水养护的溶液呈强碱性，如在排放前处理不当，会对周边水体产生污染，而蒸汽养护基本不排放水体，不需要加醋酸等溶剂中和，可避免二次污染。使用可周转的养护室，如标准集装箱养护室，方便转运，可重复使用，减少养护室搭拆过程中的各类消耗。

混凝土自动控制养护系统与传统洒水养护相比，能减少水资源的使用量，根据养护环境，自动或一键启动，降低劳动强度，减少劳动力使用，提高建设工程的智能化、信息化水平，提高养护效率。安装的自动控制系统由时间继电器及电磁开关组成，设定时间继电器计时间隔后，继电器控制电磁开关接通或关闭水泵的电力供应，达到自动控制养护洒水的效果。

【实施要点】

混凝土养护室使用期间，温度应控制在20±2℃，相对湿度95%以上，养护室容量需满足工程试块峰值养护需要；养护室安装控温、控湿装置，以保证温度、湿度在规定的范围内；试块应放在试块架上，彼此间距为10mm～20mm；加湿雾化装置需正常工作，输出的是雾化水汽，而不能是水珠。

现场设置混凝土自动控制养护系统应实现养护面积全覆盖，不留死角。按需进行养护，自动控制系统根据混凝土规格、天气、温度等情况调节。

【评价方法】

（1）查阅恒温恒湿蒸汽养护室、自动控制系统建设可行性报告或技术方案；

（2）现场检查或查看恒温恒湿蒸汽养护室、自动控制系统运营图片或影像资料。

5.3.8 设置在海岛海岸的无市政管网接入条件的工程项目，宜采用海水淡化系统。

【条文解析】

海水淡化是通过海水脱盐生产淡水，是实现水资源利用的开源增量技术，可以增加淡水总量，且不受时空和气候影响，可以保障稳定供水。在无市政管网接入的海岛海岸工程项目中，为了满足施工和生活需求宜设置海水淡化系统。

【实施要点】

海水淡化方法有海水冻结法、电渗析法、蒸馏法、反渗透法以及碳酸铵离子交换法。目前，蒸馏法及反渗透法是市场中的主流。现场设置的海水淡化系统所产出的淡化水，需通过专项水质检测，达标后方可使用。

【评价方法】

（1）查看海水淡化系统建设可行性报告或技术方案；

（2）现场检查或查看海水淡化系统运营图片或影像资料；

（3）查阅海水淡化水水质抽样及相关检测报告。

5.3.9 单位工程单位建筑面积的用电量宜比定额节约10%以上。

【条文解析】

建筑节能应该有具体的节能目标，项目单位面积用电量受所处地区、建筑类别、施工工期等因素影响较大，很难有统一的数据，但定额用电量仍是项目用电量的主要依据。经调研分析多个项目，当面积超过1000万m^2时，平均节电率为12.635%，故按节约定额用电量的10%作为优选项标准。

【实施要点】

项目部应制定相关的节能用电制度，配备专业人员负责制度落实。制作宣传标语，促使员工自觉节电。普及节电知识，强化节电意识。制订每月用电计划，记录项目分部分项工程实际用电量。根据定额用电量，计算实际用电量比定额用电量的节约率，节约率（r_e）＝{[定额用电量（q_e）－实际用电量（u_e）]/定额用电量（q_e）}×100%。记录表格形式见表5-16、表5-17。

表5-16 分部分项工程实际用电量统计表

序号	分部分项工程名称	定额用电量（q_e）	实际用电量（u_e）	节约率（r_e）	记录人
1					
2					
……					

表5-17 工程用电量汇总表

序号	施工阶段	定额用电量（q_e）	实际用电量（u_e）	节约率（r_e）	记录人
1					
2					
……	合计				

【评价方法】

（1）查阅分部分项工程用电量统计表；

（2）查阅工程用电量汇总表；

（3）查阅工程定额用电量计算材料；

（4）查阅电费缴纳单据。

5.3.10 单位工程单位建筑面积的用水量宜比定额节约 10% 以上。

【条文解析】

施工节水应确定目标。各分部分项工程的定额用水量是对以往工程施工实践统计所得一般水平的用水量。节约用水是绿色施工资源节约一个重要的方面，鼓励施工中采用节水施工工艺，采用非传统水源等，应比传统的施工更节约用水。提出单位工程单位建筑面积的用水量比定额节约 10% 以上的要求，是在于采用定量指标，鼓励施工节约用水。

【实施要点】

项目部应该制订节水目标，依据当地的定额标准，对分部分项工程施工定额用水量进行计算，并记录实际用水量（传统水源），计算实际用水量比定额用水量的节约率。节约率（r_w）＝｛［定额用水量（q_w）－实际用水量（u_w）］/ 定额用水量（q_w）｝×100%。分部分项工程用水量统计表格式参考表 5-18。在表 5-18 的基础上，汇总成工程用水量汇总表，格式参考表 5-19。

表 5-18　分部分项工程用水量统计表

序号	分部分项工程名称	定额用水量（q_w）	实际用水量（u_w）	节约率（r_w）	记录人
1					
2					
……					

表 5-19　工程用水量汇总表

序号	施工阶段	定额用水量（q_w）	实际用水量（u_w）	节约率（r_w）	记录人
1					
2					
……	合计				

【评价方法】

（1）查阅分部分项工程用水量统计表；

（2）查阅工程用水量汇总表；

（3）查阅工程定额用水量计算材料；

（4）查阅水费缴纳单据。

5.3.11 施工现场宜利用太阳能或其他可再生能源。

【条文解析】

可再生能源是指从自然界可以直接获取、可持续再生、永续利用的能源。这些能源基本上直接或间接来自太阳。

根据《中华人民共和国可再生能源法》第一章第二条：可再生能源是指风能、太阳能、水能、生物质能、地热能、海洋能等非化石能源。第一章第四条规定：国家将可再生能源的开发利用列为能源发展的优先领域，通过制订可再生能源开发利用总量目标和采取相应措施，推动可再生能源市场的建立和发展。国家鼓励各种所有制经济主体参与可再生能源的开发利用，依法保护可再生能源开发利用者的合法权益。

【实施要点】

在建筑节能领域中应用较多的是太阳能、地热能及风能。

太阳能在建筑节能中的利用方式主要为：太阳能光电利用技术、太阳能光热利用技术。

地热能在建筑节能中的利用方式主要为：地源热泵技术（土壤源热泵、地下水源热泵、地表水源热泵）。

风能较其他能源相比存在不稳定性，利用方式有：（1）采用“风力—光伏”互补系统；（2）采用“风力—柴油机”互补系统。

实施时，应结合当地气候条件、项目既有情况和需求综合考虑利用太阳能和其他可再生能源技术。

对太阳能或其他可再生能源利用情况按照表 5-20 进行统计。

表 5-20 太阳能或其他可再生能源利用情况统计表

施工阶段	能源类型	用能部位	用能量（kW·h）	备注
合计				

【评价方法】

（1）查阅太阳能或其他可再生能源利用技术方案；

（2）查阅工程太阳能或其他可再生能源利用情况统计表。

5.3.12 建筑垃圾垂直运输时，宜采用重力势能装置。

【条文解析】

重力势能装置一般是指竖向垃圾通道，采用该装置进行建筑垃圾的运输，可以避免采用施工电梯进行建筑垃圾转运，减少施工电梯运行能耗。

【实施要点】

利用竖向垃圾通道应注意以下要点：

（1）竖向垃圾通道应在主体结构内部安置，不应另外开洞，应有明显标识；

（2）每层楼应设置竖向垃圾通道进料口，进料口应采用活动盖板，不使用时出料口应为封闭状态；

（3）竖向垃圾通道出料口应连接垃圾回收池且出料口应有减少重力势能装置。例如，竖向垃圾通道设计斜向转运通道，减小重物落点冲击力；

（4）竖向垃圾通道底层出料口宜安装喷雾系统，并设有无底布袋，既减少重力势能又可有效地抑制扬尘；

（5）竖向垃圾通道施工完成后应全面清理。

【评价方法】

（1）查阅竖向垃圾通道设计图；

（2）现场检查竖向垃圾通道或查阅竖向垃圾通道使用图片或影像资料。

5.3.13 无直接采光的施工通道和施工区域照明宜采用声控、光控、延时等控制方式。

【条文解析】

无直接采光的施工通道和施工区域照明分别采用声控、光控、延时等自动控制照明，在无人通行或未施工时，节约能耗。

【实施要点】

在施工策划中，是否包含声控、光控、延时等自动控制照明的策划，现场应按照策划内容进行落实。

【评价方法】

（1）检查施工总平面布置图设置是否安装声控、光控、延时等自动控制照明设备；

（2）现场查看自动照明控制情况。

6 人力资源节约和保护评价指标

当前中国正在完成从人力资源大国向人力资源强国的转变，人力资源结构正在逐步转型升级。建筑业作为国民经济中的重要一级（2018年从业人数为5563.3万人，占全社会就业人数的比重约为7%），将面临越来越大的劳动力短缺压力。人力资源节约和保护已经成为整个建筑行业的主流旋律。精细化人力资源管理，保障人员作业安全，采用新技术、新工艺减少劳动力需求，是绿色施工中人力资源节约和保护的重要措施，也是建筑业的大势所趋。

6.1 控 制 项

6.1.1 绿色施工策划文件中应包含人力资源节约和保护内容，并建立相关制度。

【条文解析】

绿色施工策划文件包括绿色施工组织设计、绿色施工方案以及绿色施工技术交底等指导绿色施工开展的技术文件，应明确绿色施工相应的管理目标和管理措施。

本条要求项目根据对绿色施工全过程的分析，根据国家和企业的规定，结合工程规模、特点、施工所处阶段及企业自身发展的需求等，在绿色施工策划文件中对人力资源节约和保护相关内容进行合理策划，编制相关制度与文件，作为工程人力资源管理的指导性文件。

【实施要点】

在编制绿色施工策划文件人力资源节约和保护相关内容时，应结合项目实际情况合理安排部署，内容应包含人力资源节约和保护的实施目标、组织、实施过程与评价方法。制定人员保护、实名制管理、人员健康保障、劳动保护、劳务节约等有关人力资源和保护的相关制度。

【评价方法】

（1）查阅绿色施工策划文件是否包含人力资源节约和保护的内容；

（2）查阅项目人力资源节约和保护相关的制度文件。

6.1.2 施工现场人员应实行实名制管理。

【条文解析】

根据国务院发布的《保障农民工工资支付条例》（国令第724号）及住房和城乡建设部、人力资源社会保障部联合发布的《建筑工人实名制管理办法（试行）》（建市〔2019〕18号）相关规定，实名制管理通过对建筑企业所招用建筑工人的从业、培训、技能和权益保障等以真实身份信息认证的方式进行综合管理，实现“规范建筑市场秩序，加强建筑工人管理，维护建筑工人和建筑企业合法权益，保障工程质量和安全生产，培育专业型、技能型建筑产业工人队伍，促进建筑业持续健康发展”的目标。

【实施要点】

《保障农民工工资支付条例》（国令第 724 号）相关要求：

第三十九条：人力资源社会保障行政部门、相关行业工程建设主管部门和其他有关部门应当按照职责，加强对用人单位与农民工签订劳动合同、工资支付以及工程建设项目实行农民工实名制管理、农民工工资专用账户管理、施工总承包单位代发工资、工资保证金存储、维权信息公示等情况的监督检查，预防和减少拖欠农民工工资行为的发生。

第五十五条：施工总承包单位、分包单位未实行劳动用工实名制管理的，由人力资源社会保障行政部门、相关行业工程建设主管部门按照职责责令限期改正；逾期不改正的，责令项目停工，并处 5 万元以上 10 万元以下的罚款；情节严重的，给予施工单位限制承接新工程、降低资质等级、吊销资质证书等处罚。

《建筑工人实名制管理办法（试行）》（建市〔2019〕18 号）相关要求：

第八条：建筑用工企业（包括：使用自有建筑工人的承包企业，建筑劳务企业和专业作业企业，下同）应制定本企业建筑工人实名制管理制度，落实合同中约定的实名制管理义务，在工程项目部现场配备专（兼）职实名制专管员，负责本企业派出的专业作业人员的日常管理，并按劳动合同约定发放工资，保障建筑工人合法权益。建筑用工企业应及时对本企业的建筑工人信息进行采集、核实、更新，建立实名制管理台账，并按时将台账提交承包企业备案。

第十六条：承包企业应配备实现建筑工人实名制管理所必须的硬件设施设备。有条件实施封闭式管理的工程项目，应设立施工现场进出场门禁系统，并采用生物识别技术进行电子打卡，落实建筑工人实名制考勤制度。不具备封闭式管理的工程项目，应采用移动定位、电子围栏等技术方式实施考勤管理。承包企业应按照有关规定通过在施工现场显著位置设置“建筑工人维权告示牌”等方式，公开相关信息，保护工人合法权益。鼓励承包企业通过张贴二维码等方式公开项目基本信息，供社会查询。鼓励社会各方开发符合相关数据标准的建筑工人个人 App 客户端，向建筑工人推送相关信息。承包企业应配备实现建筑工人实名制管理所必须的硬件设施设备。

第十五条：建筑工人实名制基本信息应包括姓名、年龄、身份证号码、籍贯、家庭地址、文化程度、培训信息、技能水平、不良及良好行为记录等。

第十七条：建筑工人进场施工前，应录入建筑工人实名制名册。项目用工必须核实建筑工人合法身份证明，必须签订劳动合同，并明确工资发放方式，可采用银行代发或移动支付等便捷方式支付工资。承包企业应统一管理建筑工人实名制考勤信息，并及时准确地向有关行业主管部门上传相关信息。

建立健全实名制管理体系，配备专职实名制管理人员，企业或分包单位应与建筑工人依法签订劳动合同，对建筑工人进行安全教育培训，并在相关建筑工人实名制平台上登记，同时建立建筑工人花名册、考勤表、工资支付表等台账。

【评价方法】

（1）巡查施工现场出入口实名制通道及维权公示牌；

（2）查阅劳动合同、花名册、考勤表、工资表等相关资料。

6.1.3 炊事员应持有效健康证明。

【条文解析】

《中华人民共和国食品安全法》中第一百二十六节第六条要求：食品生产经营者不得安排未取得健康证明或者患有国务院卫生行政部门规定的有碍食品安全疾病的人员从事接触直接入口食品的工作。

《公共场所卫生管理条例》中第二章第七条要求：公共场所直接为顾客服务的人员，持有"健康合格证"方能从事本职工作。患有痢疾、伤寒、病毒性肝炎、活动期肺结核、化脓性或者渗出性皮肤病以及其他有碍公共卫生的疾病的，治愈前不得从事直接为顾客服务的工作。

【实施要点】

从事食品生产经营等相关人员必须持有健康证。炊事员持有有效期内的健康合格证及体检记录。

【评价方法】

查阅炊事员有效健康证明。

6.1.4　*施工现场人员应按规定要求持证上岗。*

【条文解析】

建筑施工行业部分工种具有一定的专业性，非专业人士作业可能导致严重的安全、质量风险。

《中华人民共和国建筑法》中第二节第十四条对建筑行业从业资格进行了相关规定，要求"施工总承包企业施工现场配备的项目经理应持有效的执业资格证、安全生产考核合格证；安全员应持有效的安全生产考核合格证。其他参与工程建设的相关人员，应持有效证件上岗。专业分包和劳务分包单位配备的现场负责人、安全员、质量员、施工员、特种作业人员等均应持有效证件上岗"。

《中华人民共和国安全生产法》第二十三条：生产经营单位的特种作业人员必须按照国家有关规定经专门的安全作业培训，取得特种作业操作资格证书，方可上岗作业。特种作业人员的范围由国务院负责安全生产监督管理的部门会同国务院有关部门确定。项目部应确保现场作业人员均按规定要求持证上岗。

【实施要点】

总包单位管理人员（项目经理、质量员、安全员、施工员等）、分包单位管理人员（现场负责人、安全员、质量员、施工员等）、特种作业人员（焊工、架工、防水工等国家有相应要求的特殊工种）均应持有效证件上岗。

【评价方法】

查阅管理人员及特殊作业人员的上岗证及登记台账。管理人员及特殊作业人员上岗登记台账如表 6-1 所示。

表 6-1　管理人员及特殊作业人员上岗登记台账

序号	姓名	性别	身份证号	职务	证书名称	证书编号	证书有效期
1	张三	男	12345678912	电焊工	电焊工证	658947135	2025 年 8 月 14 日

注：本表仅供参考，以本公司安全部门记录表为准。

6.1.5 施工现场应按规定配备消防、防疫、医务、安全、健康等设施和用品。

【条文解析】

施工现场按规定配备消防、防疫、医务、安全、健康等设施和用品，有利于及时发现安全隐患，避免发生安全事故，减少人员伤害及财产的损失。如配备消防设施能在火灾发生时及时发现、扑救、限制火灾的蔓延，为有效地扑救火灾和人员疏散创造有利条件，从而减少火灾造成的财产损失和人员伤亡。

【实施要点】

按照国家标准要求，现场合理配备消防、防疫、医务、安全、健康等设施和用品。同时配备专人进行落实和日常的维护检查，并做好购买、使用、过程检查等实施台账。

国家标准《建设工程施工现场消防安全技术规范》GB 50720—2011 以及《建筑灭火器配置设计规范》GB 50140—2005 对消防设施和设备配备标准的规定如下：

（1）施工现场的下列场所应配置灭火器：

① 可燃、易燃物存放及使用场所；

② 动火作业场所；

③ 自备发电机房、配电房等设备用房；

④ 现场办公、住宿用房；

⑤ 其他有火灾危险的场所。

（2）灭火器配置应符合下列要求：

① 灭火器的选择、配置、设置应符合国家标准《建筑灭火器配置设计规范》GB 50140—2005 的要求；

② 动火作业场所、易燃材料使用场所，灭火器数量应按国家标准《建筑灭火器配置设计规范》GB 50140—2005 规定数量的 2.0 倍进行配置；

③ 可燃材料使用场所，灭火器数量应按国家标准《建筑灭火器配置设计规范》GB 50140—2005 规定数量的 1.5 倍进行配置。

（3）国家标准《建筑灭火器配置设计规范》GB 50140—2005 规定如下：

① 临时搭设的建筑物区域内每 100m^2 配备 2 只 10L 灭火器；

② 总面积超过 1200m^2 的大型临时设施，应配有专供消防用的太平桶、积水桶（池）、黄沙池，且周围不得堆放易燃物品；

③ 临时木工间、油漆间、木机具间等，每 25m^2 配备一支灭火器；油库、危险品库应配备数量与种类合适的灭火器、高压水泵；

④ 应有足够的消防水源，其进水口一般不应小于两处，消防及安全设施领用记录表如表 6-2 所示；

表 6-2 ×××项目消防及安全设施领用记录表

序号	物品名称	领取时间	使用班组	领用人
1	灭火器	2023 年 6 月 10 日	安装班组	张三

⑤ 室外消火栓应沿消防车道或堆料场内交通道路的边缘设置，消火栓之间的距离不应大于 120m；消防箱内消防水管长度满足不小于 25m 的要求。

（4）施工现场安全、卫生与职业健康参照国家标准《建筑与市政施工现场安全卫生与职业健康通用规范》GB 55034—2022、行业标准《建设工程施工现场环境与卫生标准》JGJ 146—2013 执行。

【评价方法】

（1）巡查施工现场物资配备情况；

（2）查阅相关领用记录。

6.1.6　卫生设施、排水沟及阴暗潮湿地带应定期消毒。

【条文解析】

对现场的卫生设施、排水沟及阴暗潮湿地带进行定期消毒，可以杀死细菌、病毒，防治疾病传播，能有效地降低施工人员被感染的概率，为创造良好、安全的作业环境提供保障。

【实施要点】

项目部应配备专人定期对卫生设施、排水沟及阴暗潮湿地带进行消毒，做好消毒记录及购买清单台账并保存消毒过程影像资料。

【评价方法】

（1）巡查施工现场卫生设施、排水沟及阴暗潮湿地带环境情况；

（2）查阅消毒记录及影像资料。消毒记录表如表 6-3 所示。

表 6-3　××× 项目消毒记录表

序号	时间	消毒部位	责任人
1	2023 年 6 月 10 日	排水沟	张三

6.2　一　般　项

6.2.1　人员健康保障应包括下列内容：

1　制订职业病预防措施，定期对高原地区施工人员、从事有职业病危害作业的人员进行体检；

2　生活区、办公区、生产区有专人负责环境卫生；

3　生活区、办公区设置可回收与不可回收垃圾桶，餐厨垃圾单独回收处理，并定期清运；

4　生活区中的垃圾堆放区域定期消毒；

5　施工作业区、生活区和办公区分开布置，生活设施远离有毒有害物质；

6　现场有应急疏散、逃生标志、应急照明；

7　现场有防暑防寒设施，并设专人负责；

8　现场设置医务室，有人员健康应急预案；

9　生活区设置满足施工人员使用的盥洗设施；

10　现场宿舍人均使用面积不得小于 $2.5m^2$，并设置可开启式外窗；

11　制定食堂管理制度，建立熟食留样台账；

12 特殊环境条件下施工，有防止高温、高湿、高盐、沙尘暴等恶劣气候条件及野生动植物伤害的措施和应急预案；

13 工人宿舍设置消防报警、防火等安全装置。

【条文解析】

人员健康保障是人力资源节约和保护的最基础工作。建筑业施工过程中存在大量可能危害作业人员健康的风险源，如建筑施工粉尘易引发尘肺病、油漆作业引发中毒等。所以应采取必要的措施来保障作业人员的健康，如定期进行职业健康检查、配备安全防护用品、提供安全的作业环境和健康卫生的生活环境等。

第 1 款：《中华人民共和国职业病防治法》第四条：要求用人单位应当为劳动者创造符合国家职业卫生标准和卫生要求的工作环境和条件，并采取措施保障劳动者获得职业卫生保护。第十八条：建设项目的职业病防护设施所需费用应当纳入建设项目工程预算，并与主体工程同时设计，同时施工，同时投入生产和使用。第三十六条：对从事接触职业病危害的作业的劳动者，用人单位应当按照国务院安全生产监督管理部门、卫生行政部门的规定组织上岗前、在岗期间和离岗时的职业健康检查，并将检查结果书面告知劳动者。职业健康检查费用由用人单位承担。第四十三条：职业病诊断应当由取得《医疗机构执业许可证》的医疗卫生机构承担。

第 2 款：《建设工程施工现场环境与卫生标准》JGJ 146—2013 第三章 3.0.1 条：建设工程总承包单位应对施工现场的环境与卫生负总责，分包单位应服从总承包单位的管理。参建单位及现场人员应有维护施工现场环境与卫生的责任和义务。3.0.2 条：建设工程的环境与卫生管理应纳入施工组织设计或专项方案，应明确环境与卫生管理的目标和措施。

第 5 款：《建设工程施工现场环境与卫生标准》JGJ 146—2013 第三章 3.0.7 条：施工现场临时设施、临时道路的设置应科学合理，并应符合安全、消防、节能、环保等有关规定。施工区、材料加工及存放区应与办公区、生活区划分清楚，并应采取相应的隔离措施。

第 13 款：消防报警系统，又称火灾自动报警系统，它是由触发装置、火灾报警装置、联动输出装置以及具有其他辅助功能的装置组成，它能在火灾初期，将燃烧产生的烟雾、热量、火焰等物理量，通过火灾探测器变成电信号，传输到火灾报警控制器，并同时显示出火灾发生的部位、时间等，使人们能够及时发现火灾，并及时采取有效措施，扑灭初期火灾，最大限度地减少因火灾造成的生命和财产的损失；

防火安全装置是指生产系统中为预防事故而设置的各种检测、控制、联锁、保护、报警等仪器、仪表的总称。

款 1 制订职业病预防措施，定期对高原地区施工人员、从事有职业病危害作业的人员进行体检。

【实施要点】

根据国家卫生计生委、人力资源社会保障部、安全监管总局、全国总工会四部联合发布的《职业病分类和目录》（国卫疾控发〔2023〕48 号）将职业病划分为职业性尘肺病及其他呼吸系统疾病、职业性皮肤病、职业性眼病、职业性耳鼻喉口腔疾病、职业性化学中毒、物理因素所致职业病、职业性放射性疾病、职业性传染病、职业性肿瘤、其他职业病十大类。

用人单位需制订职业病预防措施，并安排从事接触职业病危害作业的劳动者定期在有《医疗机构执业许可证》的医疗卫生机构进行体检。

【评价方法】

（1）巡查施工现场人员作业情况；

（2）查阅职业病预防措施文件、体检报告。

款 2　生活区、办公区、生产区有专人负责环境卫生。

【实施要点】

参照行业标准《建设工程施工现场环境与卫生标准》JGJ 146—2013 建立环境与卫生管理制度，明确管理职责，安排专人负责环境卫生，并做好保洁记录。施工现场及办公生活区环境保护检查记录如表 6-4 所示。

表 6-4　×××项目施工现场及办公生活区环境保护检查记录表

序号	时间	1 日	2 日	3 日	4 日	5 日	……	31 日
1	施工现场工完场清	√	√	√	√	√	√	√
2	道路洒水湿润并清扫干净							
3	垃圾分类收集并集中堆放							
4	垃圾搬运干净，无残留							
5	垃圾堆放区消毒情况							
6	废电池、废墨盒封闭存放							
7	办公区目测无扬尘							
8	草坪定时修理、浇水							
9	不在现场燃烧废料							
10	办公区干净整洁无较大噪声							
2023 年 7 月				记录人：张三				
备注：完成√　未完成×								

【评价方法】

（1）巡查施工现场整体环境情况；

（2）查阅环境与卫生管理制度文件、保洁记录及影像资料。

款 3　生活区、办公区设置可回收与不可回收垃圾桶，餐厨垃圾单独回收处理，并定期清运。

【实施要点】

根据国家标准《生活垃圾分类标志》GB/T 19095—2019 附录 B 要求：将办公区、生活区垃圾分为可回收物、有害垃圾、厨余垃圾、其他垃圾四类。需在生活区、办公区按照分类设置垃圾桶，定期清运并做好记录，生活垃圾清运记录表如表 6-5 所示。

表 6-5　×××项目生活垃圾清运记录表

序号	清运日期	数量（m^3）	记录人（签字）
1	2023 年 6 月 10 日	200	张三

【评价方法】

（1）巡查生活区、办公区垃圾桶设置是否符合要求；

（2）查阅垃圾清运记录及影像资料。

款 4　生活区中的垃圾堆放区域定期消毒。

【实施要点】

在生活区搭设封闭式垃圾站或设置密闭式垃圾容器，安排专人负责对生活区垃圾站或容器进行定期消毒，并做好消毒记录。

【评价方法】

（1）巡查生活区垃圾站卫生情况；

（2）查阅消毒记录及影像资料。

款 5　施工作业区、生活区和办公区分开布置，生活设施远离有毒有害物质。

【实施要点】

有毒有害物质存放应远离人员密集区域。

【评价方法】

巡查施工作业区、生活区和办公区有毒有害物质隔离措施实施情况。

款 6　现场有应急疏散、逃生标志、应急照明。

【实施要点】

在施工前应策划本工程的安全疏散路线，在施工作业区、生活区和办公区醒目位置设置安全应急疏散平面布置图、安全逃生疏散指示标志，并配备应急照明设备。

【评价方法】

（1）巡查现场应急疏散、逃生标志、应急照明配备、疏散路线设置情况；

（2）查阅应急疏散平面布置图。

款 7　现场有防暑防寒设施，并设专人负责。

【实施要点】

依据所在地气候条件，做好施工人员的防暑降温、防寒保暖工作，选择合适的防暑、防寒设施，安排专人负责采购、发放，并做好发放记录、影像资料、购买票据等资料的留存。防暑防寒物品领用记录表如表 6-6 所示。

【评价方法】

（1）巡查现场防暑防寒设施配备情况；

（2）查阅消暑防寒物品领用记录及影像资料。

表 6-6　×××项目防暑防寒物品领用记录表

序号	物品名称	数量	领用人
1	冰袖	1 件	张三

续表 6-6

序号	物品名称	数量	领用人
2	军大衣	1 件	李四

注：本表仅供参考，以本单位记录表为准。

款 8 现场设置医务室，有人员健康应急预案。

【实施要点】

施工现场设置医务室，配备必要的医疗设备、常用药品及急救设施，并做好购买、发放记录。编制防食物中毒、防材料中毒、防传染病等危害人员健康的应急预案。

【评价方法】

（1）巡查现场医务室设置情况；

（2）查阅人员健康应急预案及药品（非处方）领用记录表（表 6-7）。

表 6-7 ××× 项目药品（非处方）领用记录表

序号	药品名称	数量（片 / 包）	领用人
1	创可贴	1 片	张三

款 9 生活区设置满足施工人员使用的盥洗设施。

【实施要点】

参照行业标准《施工现场临时建筑物技术规范》JGJ/T 188—2009 中的有关规定，设置生活区的厕所、盥洗室、浴室等盥洗设施：

（1）施工现场应设置自动水冲式或移动式厕所；

（2）厕所的厕位设置应满足男厕蹲便器与员工的比例宜为 1∶50，男厕每 50 人设 1m 长小便槽，女厕蹲便器与员工的比例宜为 1∶25，蹲便器间距不小于 0.9m，蹲位之间宜设置隔板，隔板高度不低于 0.9m；

（3）盥洗室应设置盥洗池和水嘴，水嘴与员工的比例宜为 1∶20，水嘴间距不宜小于 0.7m；

（4）淋浴间的淋浴器与员工的比例宜为 1∶20，淋浴器间距不宜小于 1.1m。

【评价方法】

巡查生活区盥洗设施的设置情况。

款 10 现场宿舍人均使用面积不得小于 2.5m^2，并设置可开启式外窗。

【实施要点】

依据行业标准《建设工程施工现场环境与卫生标准》JGJ 146—2013 及《施工现场临时建筑物技术规范》JGJ/T 188—2009 的要求，宿舍内应保证必要的生活空间，室内净高不得小于 2.5m，通道宽度不得小于 0.9m，人员人均使用面积不得小于 2.5m^2，每间宿舍居住人员不得超过 16 人。应有专人负责管理，床头宜设置姓名卡。应有防暑降温措施。应设生活用品专柜、鞋柜或鞋架、垃圾桶等生活设施。宿舍照明电源宜选用安全电压，采用强电照明的宜使用限流器。应保持室内通风、空气清新，为居住人员提供良好健康的生活环境。

【评价方法】

巡查生活区宿舍布置是否符合上述规定。

款 11 制定食堂管理制度，建立熟食留样台账。

【实施要点】

项目部应在施工前制定食堂管理制度，并张贴于食堂醒目位置。依据国家和行业标准《建设工程施工现场环境与卫生标准》JGJ 146—2013、《建筑与市政施工现场安全卫生与职业健康通用规范》GB 55034—2022、《食品安全国家标准餐饮服务通用卫生规范》GB 31654—2021 的要求，食堂应设置独立的制作间、储藏间，门扇下方应设不低于 0.2m 的防鼠挡板。制作间灶台及周边应采取易清洁、耐擦洗措施，墙面处理高度大于 1.5m，地面应做硬化和防滑处理，并保持墙面、地面整洁。炊事人员必须经体检合格并持证上岗。炊事人员上岗应穿戴整洁的工作服、工作帽和口罩，并应保持个人卫生。非炊事人员不得随意进入食堂制作间。食堂的炊具、餐具和公共饮水器具应及时清洗定期消毒。施工现场应加强食品、原料的进货管理，建立食品、原料采购台账，保存原始采购单据，原材料采购配送单见表 6-8，熟食留样台账见表 6-9。严禁购买无照、无证商贩的食品和原料。食堂应有卫生许可证，炊事人员应持有身体健康证。食堂应建立熟食留样台账，每餐、每样留样食品一定按标准和要求留足 125g 分量，并分别盛放在已消毒的餐具中，保存 48h 以上；留样食品一定放入专用冰箱，外面贴好标签并做好食品留样的有关登记。

表 6-8 ××× 项目原材料采购配送单

采购日期:

表 6-9 ××× 项目熟食留样台账

序号	留样日期	餐次（早 / 中 / 晚）	数量（份）	责任人
1	2023 年 6 月 10 日	早餐	2	张三
		中餐	4	张三
		晚餐	2	张三

【评价方法】

（1）检查食堂卫生许可证及人员上岗证；

（2）巡查食堂管理情况；

（3）查阅食堂管理制度和熟食留样台账及影像资料。

款 12 特殊环境条件下施工，有防止高温、高湿、高盐、沙尘暴等恶劣气候条件及野生动植物伤害的措施和应急预案。

【实施要点】

在施工前依据工程特点、往年气象记录、地质条件、周边自然生态环境等因素，对可能面临的特殊环境条件进行分析，制订针对性的措施与应急预案。

【评价方法】

（1）巡查施工现场实施情况；

（2）查阅措施文件、应急预案。

款 13 工人宿舍设置消防报警、防火等安全装置。

【实施要点】

宿舍设置消防报警、防火等安全装置并做好日常维护检查记录，日常维护检查记录表如表 6-10 所示。

【评价方法】

（1）巡查宿舍消防报警、防火等安全装置设置情况；

（2）查阅日常维护检查记录。

表 6-10 ××× 项目日常维护检查记录

序号	名称	维护时间	责任人
1	灭火器	2023 年 6 月 10 日	张三

注：本表仅供参考，以本单位记录表为准。

6.2.2 劳动保护应包括下列内容：

1 建立合理的休息、休假、加班及女职工特殊保护等管理制度；

2 减少夜间、雨天、严寒和高温天作业时间；

3 施工现场危险地段、设备、有毒有害物品存放处等设置醒目的安全标志，并配备相应的应急设施；

4 在有毒、有害、有刺激性气味、强光和强噪声环境施工的人员，佩戴相应的防护器具和劳动保护用品；

5 在深井、密闭环境、防水和室内装修施工时，设置通风设施；

6 在水上作业时穿救生衣；

7 施工现场人车分流，并有隔离措施；

8 模板脱模剂、涂料等采用水性材料。

【条文解析】

依据行业标准《建设工程施工现场环境与卫生标准》JGJ 146—2013 的要求，施工单位应采取有效的安全防护措施，参建单位必须为施工人员提供必备的劳动防护用品，施工人员应正确使用劳动防护用品。

建筑业现场施工人员以体力劳动为主，工作强度高，体力消耗大。项目部应合理安排作业与休息时间，并应配备相应的应急设施、安全警示标志、劳动防护用品，为创造良好、安全的作业环境提供保障。

款 1 建立合理的休息、休假、加班及女职工特殊保护等管理制度。

【实施要点】

依据《中华人民共和国劳动法》《女职工特殊劳动保护条例》及相关法律法规并结合企业实际，制定合理的休息、休假、加班制度及女职工特殊保护管理制度。应有专人管理、记录职工的考勤，并监督休息、休假、加班等管理制度的落实。

【评价方法】

查阅休息、休假、加班制度及考勤记录。

款2 减少夜间、雨天、严寒和高温天作业时间。

【实施要点】

根据季节及天气预报合理调整夜间、雨天、严寒和高温天气的作业时间，并做好安全技术交底。

【评价方法】

查阅项目记录的晴雨表、安全技术交底。

款3 施工现场危险地段、设备、有毒有害物品存放处等设置醒目的安全标志，并配备相应的应急设施。

【实施要点】

施工现场危险地段、设备、有毒有害物品存放处等设置醒目的安全标志，并配备相应的应急设施，根据现场变化实时调整。

【评价方法】

巡查施工现场安全标志、应急设施设置情况。

款4 在有毒、有害、有刺激性气味、强光和强噪声环境施工的人员，佩戴相应的防护器具和劳动保护用品。

【实施要点】

在有毒、有害、有刺激性气味、强光和强噪声环境施工的人员，应佩戴符合国家标准或者行业标准的劳动防护用品，同时有专人落实和检查是否正确佩戴防护器具和劳动保护用品，并做好发放记录台账。防护器具和劳动保护用品发放记录表如表6-11所示。

表6-11 ×××项目防护器具和劳动保护用品发放记录表

序号	领用日期	物品名称	数量	领用人
1	2023年6月10日	劳保鞋	1双	张三

注：本表仅供参考，以本单位记录表为准。

【评价方法】

（1）巡查施工现场防护器具和劳动保护用品使用情况；

（2）查阅发放记录表。

款5 在深井、密闭环境、防水和室内装修施工时，设置通风设施。

【实施要点】

在深井、密闭环境、防水和室内装修施工时，应采取自然通风、采光措施，场地条件不能满足时，可设置采光通风口、机械通风设施、人工照明设施等。

【评价方法】

巡查施工现场通风设施的设置情况及查阅影像资料。

款6 在水上作业时穿救生衣。

【实施要点】

现场从事水上作业的施工人员，应佩戴符合国家标准或者行业标准的救生衣，专人负责落实和检查是否正确佩戴使用救生衣，并做好领用记录。救生衣领用记录表如表 6-12 所示。

【评价方法】

（1）巡查施工现场水上作业人员救生衣佩戴情况；

（2）查阅救生衣领用记录表。

表 6-12 ×××项目救生衣领用记录表

序号	领用时间	领用人
1	2023 年 6 月 10 日	张三

款 7 施工现场人车分流，并有隔离措施。

【实施要点】

施工现场规划道路时，遵循人车分流的原则，设置独立的人行通道与车行道，并在二者之间采取隔离措施。

【评价方法】

巡查施工现场道路设置情况及查阅影像资料。

款 8 模板脱模剂、涂料等采用水性材料。

【实施要点】

水性涂料是现在常用的一种材料，是指用水作为溶剂以及分散介质的一种涂料。水性涂料具有环保、健康、安全、节能减排等特点。

现场使用的模板脱模剂、涂料应选用水性材料，其应具有厂家资质、材料的型式检验报告、合格证及复试报告。

【评价方法】

（1）巡查施工现场脱模剂、涂料的使用情况；

（2）查阅厂家资质、材料的型式检验报告、合格证及复试报告。

6.2.3 劳务节约应包括下列内容：

1 优化绿色施工组织设计和绿色施工方案，合理安排工序；

2 因地制宜制订各施工阶段劳务使用计划，合理投入施工作业人员；

3 建立施工人员培训计划和培训实施台账；

4 建立劳务使用台账，统计分析施工现场劳务使用情况；

5 使用高效施工机具和设备。

【条文解析】

2012 年起，全国劳动年龄人口总数连年净减少，45 岁及以上高龄劳动力比例增加。传统建筑业劳动力消耗大，越发感受到劳动力短缺的压力。通过施工工序调整、工艺改进、提高劳务素质来节约劳动力，是建筑业的必然选择。

款 1 优化绿色施工组织设计和绿色施工方案，合理安排工序。

【实施要点】

根据施工过程设计、指标、工艺变化等对绿色施工组织设计和绿色施工方案进行优化，做到工序安排合理。

【评价方法】

（1）巡查方案实施效果；

（2）查阅绿色施工组织设计和绿色施工方案优化文件。

款 2 因地制宜制订各施工阶段劳务使用计划，合理投入施工作业人员。

【实施要点】

结合工程特点、施工部署、当地环境等因素，编制各阶段劳务使用计划。劳务使用计划表如表 6-13 所示。

表 6-13　×××项目劳务使用计划表

序号	项目名称	建筑类型	结构形式	施工阶段	劳动力（人）	阶段工期（月）
1	×××项目	房屋建筑	框架结构	地下室	200	3
2				主体		
3				二次结构		
4				装饰装修		
5				室外，园林		

注：本表仅供参考，可根据当地政府或相关部门的规定进行调整。

【评价方法】

查阅劳务使用计划及影像资料。

款 3 建立施工人员培训计划和培训实施台账。

【实施要点】

编制有针对性的培训计划，并做好培训记录、签到表、影像资料、培训效果验证等实施台账。培训记录表如表 6-14 所示，培训计划表如表 6-15 所示。

表 6-14　×××项目培训记录表

<table>
<tr><td>工程名称</td><td colspan="3">×××项目</td></tr>
<tr><td>培训时间</td><td></td><td>培训地点</td><td></td></tr>
<tr><td>授课人</td><td></td><td>记录人</td><td></td></tr>
<tr><td>培训对象及人数</td><td colspan="3"></td></tr>
<tr><td>参加人员签名</td><td colspan="3"></td></tr>
<tr><td>培训内容简介</td><td colspan="3" rowspan="2"></td></tr>
<tr><td>（讲义或课件可作为附件）</td></tr>
<tr><td rowspan="2">培训效果</td><td colspan="3">优□　良□　一般□　差□</td></tr>
<tr><td colspan="3">（培训实时照片作为附件）</td></tr>
</table>

表 6-15 ××× 项目培训计划表

序号	培训时间	培训地点	培训形式	培训内容	培训对象	授课人	培训效果采用的评价方式	培训编号
1	2023 年 6 月 10 日	会议室	线上授课	商务培训	商务部门	张三	考试	1

注：培训计划可按工期或施工阶段制订，应以覆盖施工全过程、全员、培训形式多样、培训效果最佳为原则；计划制订后相关责任人要负责落实执行，在培训过程中认真填写培训记录表，同时留取培训过程中的影像资料、培训效果资料。

【评价方法】

查阅培训计划表、培训记录表、签到表、培训效果验证资料、影像资料。

款 4 建立劳务使用台账，统计分析施工现场劳务使用情况。

【实施要点】

专人负责建立施工现场劳务使用台账（表 6-16），统计每日劳务出勤情况，并结合现场实际进度进行劳务使用情况分析，并做好记录。

表 6-16 ××× 项目施工现场劳务使用台账

<table>
<tr><td colspan="4">项目名称</td><td colspan="4">分包班组名称</td><td colspan="3">填报时间</td></tr>
<tr><td>序号</td><td>姓名</td><td>性别</td><td>身份证号码</td><td>年龄</td><td>籍贯</td><td>工种及类别</td><td>工作证号码</td><td>入场时间</td><td>联系方式</td><td>退场时间</td></tr>
<tr><td>1</td><td>张三</td><td>男</td><td>12345</td><td>33</td><td>× 市</td><td>瓦工</td><td>123456</td><td>2023 年 6 月 10 日</td><td>1234</td><td>2024 年 5 月 10 日</td></tr>
<tr><td></td><td></td><td></td><td></td><td></td><td></td><td></td><td></td><td></td><td></td><td></td></tr>
<tr><td></td><td></td><td></td><td></td><td></td><td></td><td></td><td></td><td></td><td></td><td></td></tr>
</table>

注：本表仅供参考，可根据当地政府或相关部门的规定进行调整。

【评价方法】

查阅施工现场劳务使用台账。

款5 **使用高效施工机具和设备。**

【实施要点】

在选择机具和设备时，以高效为优先原则进行选用，做好机具设备使用记录并统计节约的劳动力。

【评价方法】

（1）巡查施工现场机具和设备使用情况；

（2）查阅劳动力节约记录。

6.3 优 选 项

6.3.1 钢结构宜采用现场免焊接技术。

【条文解析】

钢结构现场免焊接技术是指通过深化设计，在加工厂完成焊接工艺，施工现场只进行高强度螺栓连接操作的技术。采用该技术节约工期的同时，也减少了因现场高空焊接引发的火灾、触电、高空坠物、高处坠落等安全事故的发生。

【实施要点】

钢结构工程在施工前，通过BIM技术对其各施工节点进行深化设计，钢结构具有随时拆改组装、施工速度快、矫正灵活方便的特点，通过深化设计可提高钢架的可调性、准确性，减小安装误差，可缩短工期，环保节能。

【评价方法】

（1）巡查施工现场实施情况或查阅影像资料。

（2）查阅深化图纸、相关会议记录。

6.3.2 宜采用机械喷涂、抹灰等自动化施工设备。

【条文解析】

机械喷涂抹灰是采用泵送方法将砂浆拌合物沿管道输送至喷枪出口端，再利用压缩空气将砂浆拌合物喷涂至作业面上的抹灰工艺。

采用机械喷涂、抹灰等自动化施工设备，在节约工期、减少劳动力投入的同时，减少了喷涂过程中所产生的粉尘对人体的伤害。

【实施要点】

采用机械喷涂、抹灰等自动化施工设备。

【评价方法】

巡查现场自动化施工设备使用情况或查阅影像资料。

6.3.3 结构构件宜采用装配化安装。

【条文解析】

结构构件装配化安装是指将在工厂预制好的建筑主体结构构件在施工现场进行安装以形成建筑主体的过程。通过装配化安装的应用可以提高施工效率，同时还能节约劳动力。

【实施要点】

根据施工图纸实施，构件进场需要进行验收。

【评价方法】

（1）巡查现场结构构件装配化安装的实施情况或查阅影像资料。

（2）查阅施工图纸、构件进场验收记录（表 6-17）。

表 6-17 ××× 项目构件进场验收记录

序号	进场日期	构件	数量	记录人
1	2023 年 6 月 10 日	楼梯	200	张三

6.3.4 管道设备宜采用模块化安装。

【条文解析】

模块化施工是一种先进的施工理念，其与传统施工过程相比是对传统施工过程的优化，将土建、安装、调试等工序进行有机地结合与交叉，在土建施工工序进行的同时完成模块化设计中其他专业的工程组件工厂化的准备和制作，完成土建施工工序后就可直接将专业单位生产的工程组件或者现场制作的模块运到现场进行组装，其流程多数工序是同步进行的，为最后的组装做准备，所以可以提高工程的施工效率。其最大的优势就是在施工过程中引入了平行作业，缩短项目的施工时间，按照设计的模块开展施工，可以减少作业时间，减小交叉管理难度等，使得每一道工序都在高度可控的范围内进行，且大部分工作可在地面完成，增加作业的安全性。可见模块化施工是对传统施工过程的优化，可以有效地提高施工的效率。

模块化安装具有施工速度快、装配化程度高、对环境污染极少的优点，大部分工序，包括水、暖、电、卫等设施安装和房屋装修都移到工厂完成，施工现场只余下构件吊装、节点处理，只需接通管线就能使用。在使用过程中，节约劳动力、缩短工期，对环境的影响大幅度降低。

【实施要点】

根据安装图纸进行施工，对进场的模块进行验收。

【评价方法】

（1）巡查施工现场实施情况或查阅影像资料。

（2）查阅设备管道模块进场验收记录，其表格形式见表 6-18。

表 6-18 ××× 项目设备管道模块进场验收记录

序号	进场日期	使用部位	单位	数量	记录人
1	2023 年 6 月 10 日	水暖井	个	20	张三

6.3.5 建筑部件宜采用整体化安装。

【条文解析】

建筑部件整体化安装是指建筑部件在地面拼成整体，然后用起重设备安装到设计位置并进行固定的施工工作。其安全方便，可缩短工期。

【实施要点】

根据实施安装方案进行安装。

【评价方法】

（1）巡查现场安装情况或查阅影像资料。

（2）查阅实施方案、建筑部件进场验收记录，其表格形式如表 6-19 所示。

表 6-19　×××项目建筑部件进场验收记录

序号	进场日期	部件名称	单位	数量	记录人
1	2023 年 6 月 10 日	减震器	个	20	张三

6.3.6　宜设置心理疏导室、活动室、阅览室等。

【条文解析】

设置心理疏导室可通过心理疏导帮助来访者改善认知、思维、情绪等各方面的问题，缓解情绪压力。

活动室的设置可以组织开展各种文化娱乐活动、体育活动等，促进项目人员相互交往互动，提高人员的参与意识，有利于促进项目的建设与发展。

阅览室的设置便于项目人员集中学习规范标准的使用方法及其他文献。

【实施要点】

项目部应在合适位置设置心理疏导室、活动室、阅览室等，并依据员工需求，采购合适的器具设施及文献。

【评价方法】

（1）巡查心理疏导室、活动室、阅览室的设置情况。

（2）查阅心理疏导室、活动室、阅览室使用登记表（表 6-20）及影像资料。

表 6-20　×××项目心理疏导室、活动室、阅览室使用登记表

序号	使用日期	使用人
1	2023 年 6 月 10 日	张三

6.3.7　宜配备文体、娱乐设施。

【条文解析】

依据行业标准《施工现场临时建筑物技术规范》JGJ/T 188—2009 要求，项目部应在开工前，进行平面布置时，考虑管理人员及作业人员的文体、娱乐需求。

【实施要点】

采购合适的文体、娱乐器械、设施。提倡职工使用文体活动室。

【评价方法】

（1）巡查文体、娱乐设施的配备情况；

（2）查阅设备、娱乐设施的使用影像资料。

7 技术创新评价指标

7.0.1 绿色施工应开展技术创新活动。

【条文解析】

技术创新活动是一种有组织、有计划、有目标的有序活动，最大特点在于其过程性。这个过程主要由两个环节组成，第一个环节是技术研发活动，孵化最新技术成果和发明；第二个环节是技术应用，将研发成果应用于实际，创造效益。两个环节合在一起构成技术创新活动。因此，它不仅包括通过技术研发获得的技术创新成果，而且包括成果的推广、扩散和应用过程。技术研发活动的输入是各种资源，包括研究经费、人力资源、固定资产等，输出是各类新知识和新技术成果，包括专利、标准、工法、图纸、软件、论文等。技术应用的输入是技术研发活动的各类产出，而其输出则是经济和社会效益、技术进步和市场占有率等。

技术创新活动对企业的发展起到支撑作用，任何企业都是一个多种技术的有机组合体系。企业的发展在某种意义上是技术变革的产物，而技术变革是技术创新的结晶。从理论上讲，现代技术发展是推动现代企业经济增长的主导力量，不断实现技术创新是企业发展壮大的根本出路。绿色施工的发展需要不断地进行技术创新活动，通过新技术、新材料、新工艺、新设备的研发，及其在工程中得以应用，使绿色施工的技术进步、经济社会效益不断提高，为实现美丽中国做出应有的贡献。

7.0.2 技术创新评价指标应包括下列内容：

1 装配式施工技术；

2 信息化施工技术；

3 基坑与地下工程施工的资源保护和创新技术；

4 建材与施工机具和设备绿色性能评价及选用技术；

5 钢结构、预应力结构和新型结构施工技术；

6 高性能混凝土应用技术；

7 高强度、耐候钢材应用技术；

8 新型模架开发与应用技术；

9 建筑垃圾减排及回收再利用技术；

10 其他先进施工技术。

【条文解析】

本条列出了十个方面的技术创新内容，这些内容既是建筑行业发展的方向，也是有利于绿色施工有效实现的技术研究方向。

款1 装配式施工技术。

2016年9月30日，国务院办公厅出台了《关于大力发展装配式建筑的指导意见》（国办发〔2016〕71号），作为装配式建筑应用的纲领性文件，意见中提出了建设目标，并要求因地制宜，差异性发展；2017 年 3 月 23 日，住房和城乡建设部发布了《“十三五”装配式建筑行动方案》（建科〔2017〕77 号）；2020 年 8 月，住房和城乡建设部等发布《关于加快新型建筑工业化发展的若干意见》（建标规〔2020〕8 号）；2022 年 1 月，住房和城乡建设部发布了《“十四五”建筑业发展规划》（建市〔2022〕11 号），其重要任务之一就是大力发展装配式建筑。

装配式建筑为工厂化预制，大量应用新技术、新材料、新设备和新工艺，使建筑隔声、隔热、保温、耐火等性能大大改善，提升了建筑使用的舒适性、健康性。同时有利于建筑业由劳动密集向技术密集转变。有资料表明，装配式施工的施工周期仅为传统方式的 1/3，可节约钢筋水泥 20%～30%，节约木材 80%，降低水消耗 60%，降低人工费 50%，大大减少了施工现场粉尘、噪声、污水等污染，减少建筑垃圾 80%。

装配式建筑反映在施工过程中则要求：（1）施工现场装配化：把通过工业化方法在工厂制造的工业产品（构件、配件、部件），在工程现场通过机械化、信息化等工程技术手段，按不同要求进行组合和安装，形成特定的建筑产品，其包括临建设施装配化、结构构件装配化、配件安装集成化、设备管道集成化、构配件供应配套化等内容。（2）施工作业机械化：机械化既能使目前已建成的钢筋混凝土现浇体系的质量安全和效益得到提升，也能推进建筑生产工业化。它将标准化的设计和定型化的建筑产品的制造、运输和安装，运用机械化和信息化生产方式来完成，从而达到减轻工人劳动强度、有效缩短工期的目的。

款 2 信息化施工技术。

2016 年 8 月 23 日，住房和城乡建设部印发了《2016－2020 年建筑业信息化发展纲要的通知》（建质函〔2016〕183 号），通知要求在“十三五”时期，全面提高建筑业信息化水平，着力增强 BIM、大数据、智能化、移动通信、云计算、物联网等信息技术集成应用能力，建筑业数字化、网络化、智能化取得突破性进展，初步建成一体化行业监管和服务平台，数据资源利用水平和信息服务能力明显提升，形成一批具有较强信息技术创新能力和信息化应用达到国际先进水平的建筑企业及具有关键自主知识产权的建筑业信息技术企业。2020 年 7 月 3 日，住房和城乡建设部等部门《关于推动智能建造与建筑工业化协同发展的指导意见》（建市〔2020〕60 号）。2022 年 1 月，住房和城乡建设部发布了《“十四五”建筑业发展规划》（建市〔2022〕11 号），其重要任务之一就是打造建筑业的互联网平台，加强物联网、大数据、云计算、人工智能、区块链等新一代信息技术在建筑领域中的融合应用。

信息化施工技术是指利用计算机、网络和数据库等信息化手段，对工程项目施工图设计和施工过程的信息进行有序存储、处理、传输和反馈的生产技术。建筑业由于其产品不标准、复杂程度高、数据量大、项目团队临时组建、各方获取管理所需数据困难，使得建筑产品生产过程管理粗放，在工程项目建造过程中信息交流程度不足，造成人力、材料、机械等资源的不必要浪费。同时，建筑工程施工过程是一个复杂的综合活动，涉及众多专业和参与者，施工工程信息交换与共享是工程项目实施的重要内容。信息化施工技术为改变这种状况起到巨大的作用。信息化施工有利于施工图设计和施工过程的有效衔接，有利于各方、各阶段的协同和配合，通过信息技术实现类似于制造业的精细化施工，从而提高施工效率，减小劳动强度，减少排放，减少资源消耗。

款 3 基坑与地下工程施工的资源保护和创新技术。

2008年1月3日，国务院发布了《关于促进节约集约用地的通知》（国发〔2008〕3号），首次在国家层面的政策中提出鼓励开发利用地下空间，以提高土地利用率。地下空间开发已成为城市发展的趋势。未来城市地下空间开发利用的主要领域包括地下交通、市政公用设施、物流、公共服务设施、防灾、储藏和生产等，基本覆盖城市各功能子系统，形成地面以生活、居住、办公、游憩功能为主，地下以交通、市政公用设施、防灾、储藏功能为主的竖向功能划分，构建地上、地下协调运作的空间系统。

地下空间的开发对自然资源中影响最大的资源是地下水。我国人均水资源占有量只有世界平均水平的1/4，属水资源短缺国家。2021年10月，国务院发布《地下水管理条例》（国令第748号）对地下水资源保护等作出了规定，包括地下工程建设对地下水资源的影响。

地下工程施工应研发符合绿色施工理念的地下资源的保护和合理利用技术，注重对周边环境、生态的保护。地下水资源是地下资源的一个重要方面。地下水资源保护包括两个方面，一方面是避免对地下水补给、径流、排泄等造成不利影响，减少开采量或减少施工周边降水；另一方面是防止地下水被污染，地下水一旦受到污染，就很难治理和恢复，所造成的环境与生态破坏也往往难以逆转。

款4 建材与施工机具和设备绿色性能评价及选用技术。

2013年1月1日，国务院办公厅发布了《绿色建筑行动方案》（国办发〔2013〕1号），提出了十项重点任务，其中第七项重点任务就是“大力发展绿色建材。因地制宜、就地取材，结合当地气候特点和资源禀赋，大力发展安全耐久、节能环保、施工便利的绿色建材”。2022年3月1日，住房和城乡建设部发布了《“十四五”建筑节能与绿色建筑发展规划》（建标〔2022〕24号），其重要任务之一就是促进绿色建材推广与应用，采用绿色建材，显著提高城镇新建建筑中绿色建材应用比例，推广新型功能环保建材产品与配套应用技术。

选用绿色、性能好的建筑材料与施工机具和设备是推进绿色施工的基本要求之一，其重点和难点在于采用统一、简单、可行的指标体系对施工现场各式各样的建筑材料和施工机具和设备进行绿色性能评价，从而方便施工现场选取绿色性能相对优良的建筑材料和施工机具和设备。因此建筑材料与施工机具和设备绿色性能评价及选用技术必将是绿色施工技术的发展方向之一。

建筑材料与施工机具和设备绿色性能评价及选用技术的发展应注重两个方向：一是建立健全完善的建筑材料与施工机具和设备绿色性能评价体系，目前国际上通用的是全寿命周期（LCA）评价体系，它是从材料的整个生命周期对自然资源、能源及对环境和人类健康的影响等多方面多因素进行定性和定量的评估，而能耗（油耗、电耗）、噪声（司机座位和外部辐射）、排放（有害气体和颗粒物等），构成了评价施工机具和设备绿色性能的三大指标，满足这三大指标的施工机械基本满足节能减排要求。事实是现有的材料和机械的评价体系并不能满足当前建筑业市场的要求，建筑材料与施工机械绿色性能评价体系仍迫切需要完善。二是因地制宜地进行建筑材料与绿色施工机械的选用。绿色建材的评价方法由基本准入条件和绿色度评价两部分构成，绿色建材选用的必须是符合绿色建材评价方法的建材，同样地，绿色施工机具和设备的选用也必须在保证质量、安全等基本要求的前提下，最大限度地降低能耗与减轻环境的负担。因地制宜地进行建筑材料与绿色施工机具和设备的选用，也需要考虑到工程的区位、工程性质等具体情况，保障施工过程的排放、能耗指标均能满足当地有关标准要求，实现环境保护与经济效益的最优化。

款5 钢结构、预应力结构和新型结构施工技术。

2016年2月1日，国务院发布了《关于钢铁行业化解过剩产能实现脱困发展的意见》（国发〔2016〕6号），明确指出推广应用钢结构建筑，结合棚户区改造、危房改造和抗震安居工程实施，开展钢结构建筑推广应用试点，大幅提高钢结构应用比例；2016年3月5日，第十二届全国人民代表大会第四次会议上的《政府工作报告》中提出：积极推广绿色建筑和建材，大力发展钢结构和装配式建筑，提高建筑工程标准和质量。这是在国家政府工作报告中首次单独提出发展钢结构的理念。与发达国家相比，我国钢结构住宅的产业化水平处于初级阶段，在市场占有率方面，我国钢结构住宅市场份额极低，不足1%，而瑞典、美国、澳大利亚分别是80%、75%、50%。2022年3月，住房和城乡建设部发布了《“十四五”建筑节能与绿色建筑发展规划》，其重要任务之一就是推广新型绿色建造方式，大力发展钢结构建筑，鼓励医院、学校等公共建筑优先采用钢结构建筑，积极推进钢结构住宅和农房建设，完善钢结构建筑防火、防腐等性能与技术措施。

钢结构建筑由于其强度高、自重轻、施工快、抗震好等特点，而且拆除后的可回收率高，成为新型的绿色环保建筑体系。由于我国钢材生产技术的进步，钢材得以大量生产，且随着城市高层、超高层及大跨度建筑的兴起，钢结构逐渐得到建筑行业的认可，被广泛应用到建筑中，并正在加大力度向住宅建筑推广应用。预应力结构包括预应力混凝土结构，预应力钢结构等。预应力结构可以提高结构承载能力，改善结构受力状态，增加刚度，达到节约材料、降低造价的目的。此外，预应力还具有提高结构稳定性、抗震性，改善结构疲劳强度，改进材料低温、抗蚀等各种特性的作用。而且，预应力钢结构不断地创造出新的结构类型和建筑形式，包括组合结构、索结构等，满足了不同的需求。

钢结构施工包括了钢结构深化设计、加工、组装、螺栓连接、焊接或铆接、涂装等整个过程。钢结构施工技术向着数字化、高效化、精益化、机械化、自动化的方向发展，不断提高工程施工质量，创造社会经济效益。在预应力结构施工方面，向着预制预应力混凝土结构工业化发展，向着先进的预应力施工工艺与技术，包括数字化、智能化和信息化发展，向着预应力钢结构设计施工一体化发展，以及向着开发预应力张拉锚固体系及施工配套设备、预应力拉索施工设备等方向发展。

款6 高性能混凝土应用技术。

2014年8月13日，住房和城乡建设部、工业和信息化部联合发布了《关于推广应用高性能混凝土的若干意见》（建标〔2014〕117号），要求大力推广应用高性能混凝土。2022年3月，住房和城乡建设部发布了《“十四五”建筑节能与绿色建筑发展规划》，提出了加大高性能混凝土、高强度钢筋和消能减震、预应力技术的集成应用。

我国混凝土使用量大，大约30亿m^3/年。混凝土材料为人类的建设做出巨大贡献。但在混凝土材料的应用与发展过程中，也存在着资源匮乏、能源消耗高、碳排放量大以及污染环境等问题。高性能混凝土由于其在资源节约、环境保护、耐久性等方面的优势，作为重要的绿色建材，其推广应用对提高工程质量、降低工程全寿命周期的综合成本、发展循环经济、促进技术进步、推进混凝土行业结构调整具有重大意义。

高性能混凝土的基本特性应满足：（1）自密实性：无泌水，无扒底，均匀流动，便于施工；（2）自养护性：省大量水资源和人力，对超高层建筑的混凝土施工技术尤为重要；

（3）低发热量：保证混凝土入模温度，减小内外温差，避免温度开裂，这对大体积混凝土及大型结构构件十分重要；（4）低收缩性：避免由早期收缩、自收缩过大和约束过强造成裂缝；（5）高保塑性：保持混凝土的塑性以便于泵送施工，特别是超高泵送施工；（6）高耐久性：针对不同环境，具有不同的抗腐蚀性能，保障混凝土结构的工作寿命。

结合当前行业实际需要，从混凝土性能和配比、搅拌、浇筑和养护等方面开发高性能混凝土技术，从根本上改变混凝土的施工工艺，以达到长寿命、省资源、节能、绿色与环保的目的。

款7 高强度、耐候钢材应用技术。

2017年3月1日，住房和城乡建设部印发了《建筑节能与绿色建筑发展“十三五”规划》，在重点举措“增强产业支持能力”方面，要求推广高性能混凝土、高强度钢等建材；2022年3月，住房和城乡建设部发布了《“十四五”建筑节能与绿色建筑发展规划》，同样提出了加大推广高性能混凝土、高强度钢筋和消能减震、预应力技术的集成应用。

建筑用高强度钢材一般指Q345及以上的建筑用钢。采用高强度钢材，可以减小构件的截面尺寸及减少钢材用量。同时也可减轻结构自重，减小地震作用及减少地基基础的材料消耗。

耐候钢是通过添加少量的合金元素如Cu、P、Cr、Ni等，使其在金属基体表面形成保护层，以提高钢材耐大气腐蚀的性能。添加合金元素的钢材，不仅可以使其耐候，同时还可以耐火。我国的宝钢、武钢、马钢、攀钢、鞍钢等钢厂已经研发了新一代高性能的耐火耐候建筑用钢，以满足日益增加的市场需求。采用耐候耐火钢，提高钢结构抵抗火灾和防腐蚀的能力，避免采取传统钢结构施工中为了防火防腐所必须采用的喷涂、复合涂层、外保法等防护措施，减轻了建筑重量，减少了有害物的使用和有害气体的挥发，简化了施工程序，提高了施工效率。

采用高强度钢耐候钢，施工过程管理要进一步加强，施工技术要不断改进。包括焊接技术、螺栓连接技术和铆接技术等。由于建筑用钢的焊接性比较好，目前在钢结构焊接中为了提高效率，往往采用焊接热输出较大的焊接工艺，从焊条电弧焊到气体保护焊，再到单、双丝埋弧焊，进而发展到气电立焊和电渣焊，生产效率的提高与提高热输入量紧紧相随。但随着钢材强度等级的增加，特别是质量等级的变化，如D、E级钢，热输入的变化非常敏感，稍大的热输入就会导致韧、塑性大幅降低；焊接后的无损检测属于事后检测，只能发现实体缺陷，如裂纹、未焊透、未熔合、气孔、夹渣等。对诸如焊接热输入控制不当而引起的焊接接头组织和性能的劣化，或焊接环境条件变化可能导致危害性缺陷的产生，既无法探知，也无法预防。为了更好地利用高强度钢、耐候钢等，除了加强钢结构焊接的过程管理外，还要开发新的焊接技术，保障稳定的焊接质量，提高焊接效率，如开发自动化焊接技术、智能焊接机器人等。高强度螺栓连接方面要不断研究新的螺栓产品、新的螺栓生产工艺、改良的现场施工方法、更好的施工监测方法、更优良的螺栓防腐蚀方法以及更完善的高强度螺栓节点监测技术等，为工程应用提供更多的设计选择，以达到更好的施工质量以及更高的结构安全性。

款8 新型模架开发与应用技术。

模板和脚手架是混凝土结构工程施工的重要工具。特别是现浇混凝土结构模架工程，一般占混凝土结构工程造价的30%左右，占用工量的30%～40%，占结构工期的50%左右，因此促进现浇混凝土结构工程模架技术的进步，是推进我国建筑技术整体进步的一个重要方面。

目前我国在现浇混凝土工程中，散装木模板还占有很大的比重，而且大部分的木胶板模板为脲醛胶素面胶合板，一般使用周转 3 次～5 次，造成我国木材资源的极大浪费。我国的钢模板、钢框模板、钢支撑和钢管脚手架主要采用普碳钢，其用钢量大，质量重，材料的抗腐蚀性能差，使用寿命短。钢管和扣件的产品合格率低，安装效率低，造成施工安全事故频发，劳动强度大。开发和应用周转次数高、安装效率高、质量轻、安全程度高的模板脚手架是节约模架材料、减少建筑垃圾、降低混凝土结构工程费用、提高工程质量的重要途径。

在高层、超高层建筑现浇混凝土工程中，发展各种胎模、飞模和早拆楼板模板支撑体系等高效水平模架体系，减少周转材料使用，提高施工效率，并与竖向模板配套应用。发展各种电动、液压传动装置驱动的滑模、提模、爬模、顶模等垂向模架体系，并与其他垂直运输设施协同工作，注重轻型化、防坠落、同步操作以及对于结构体系的适应性、自动化、安全监测监控等技术的发展。提高工程施工效率和施工安全。

款 9 建筑垃圾减排及回收再利用技术。

2005 年 3 月 23 日，原建设部发布了《城市建筑垃圾管理规定》，提出了建筑垃圾处置实行减量化、资源化、无害化的原则，对建筑垃圾的倾倒、运输、中转、回填、消纳、利用等处置活动做出了规定；2020 年 5 月，住房和城乡建设部发布《关于推进建筑垃圾减量化的指导意见》（建质〔2020〕46 号），要求“统筹工程策划、设计、施工等阶段，从源头上预防和减少工程建设过程中建筑垃圾的产生，有效减少工程全寿命期的建筑垃圾排放”；2022 年 1 月，住房和城乡建设部发布了《“十四五”建筑业发展规划》，要求“积极推进施工现场建筑垃圾减量化，推动建筑废弃物的高效处理与再利用，探索建立研发、设计、建材和部品部件生产、施工、资源回收再利用等一体化协同的绿色建造产业链”。

我国在施的建筑工程面积巨大，产生大量的建筑垃圾。建筑垃圾主要包含黏土砖和混凝土，其次是废陶瓷、废玻璃、废木块、废塑料、废钢筋等。这些材料通过处理，均可以作为资源循环利用。欧盟国家建筑废弃物资源化率超过 90%，日本建筑废弃物资源化率已经达到 97%，而我国建筑废弃物资源化率不高。将建筑垃圾作为废弃物填埋或堆放，不但浪费了可用的资源，而且还污染了环境，占用了土地。

将建筑垃圾减排和再利用，作为工程施工单位责无旁贷。现场开展建筑垃圾减量化及回收再利用创新活动，其效果将会事半功倍。施工阶段建筑垃圾源头减量化，可通过科学利用资源和运用绿色施工技术，从设计优化、深化设计、精准投料、精细化管理等方面入手，在源头上减少建筑垃圾的产出。建筑垃圾回收再利用的首要条件是分类收集，从物质的大类上，建筑垃圾主要可分为金属类、无机非金属类、有机类、复合类以及有害类等，可从不同的施工阶段，进一步细分。此外还可以对建筑垃圾进行定量统计和总量预测，为回收再利用做好科学的计划。现场建筑垃圾的收集系统、现场建筑垃圾处理设备、现场建筑垃圾再利用技术等，均是建筑垃圾回收再利用的发展方向。

款 10 其他先进施工技术。

其他先进施工技术包括有利于绿色施工的实现以及施工效率的提高，保障施工安全和工程质量的各类新技术、新材料、新工艺、新装备等。

7.0.3 技术创新应有专业技术先进性和综合价值的评审资料。

【条文解析】

本条规定了在7.0.2条中所列十个专业方面的技术创新评价的内容和依据。技术创新成果应该具有技术先进性，是对技术研发输出成果的水平评价；技术创新的推广应用应该具有综合价值，包括经济与社会价值，是对成果应用输出价值的评价。所谓的评审，也就是获得同行的认可。

技术创新是一个过程，技术创新资料可以是反映技术创新某一过程的输入或输出情况。技术创新资料可以分为以下四类：（1）反映有组织、有计划、有目标的技术创新有关文件，包括企业技术创新立项文件、项目任务书、项目验收报告与验收意见（或阶段性项目研究报告）；（2）技术创新成果，包括技术标准、规范、工法、专利受理或授权证明，软件著作权，论文或专著或图集，科技进步奖，开发的产品、设备等第三方评审意见等；（3）技术创新综合成果报告与第三方组织的专家评审意见；（4）技术成果的推广应用总结报告和经济社会效益证明。

作为项目的技术创新活动，上述四类成果资料不必要求全部具备，但应尽可能提交能说明新创新水平和成效的技术创新输入输出成果资料。

【实施要点】

在7.0.1条中已经阐述，技术创新活动是一种有组织、有计划、有目标的有序活动，做好技术创新，就是要做好技术创新过程中的输入输出工作。初始的输入就是研发投入，作为有组织有计划的活动，投入是有计划的，应该在企业的层次做好技术创新项目的立项工作，具有明确的文件规定、相应的研发任务书等；其次要及时凝练提升总结研发过程中获得的技术成果，获得同行的认可，如编制技术标准规范导则指南图集工艺、申报专利软件著作权、发表论文著作、定型开发的设备产品等；最后是技术成果的推广应用，获得经济与社会效益，量产设备产品等，并及时总结成果，获得同行专家的评审认可，申报科学技术奖项。

【评价方法】

查阅技术创新资料。具有其中一类资料，可得0.5分，具有其中二类及二类以上资料，可得1分。评审专家可根据资料的质量作出评判。

7.0.4 技术创新加分应按本标准第8.0.9条的加分方式进行核定。

【条文解析】

本条规定了技术创新的得分。在7.0.2条列出的十个专业技术方面，达到7.0.3条技术创新资料的要求，每个专业技术方面获得0.5分～1分，各专业技术方向合计最高得5分。技术创新的得分仅仅是针对阶段或单位工程评价时，在绿色施工各要素批次综合评价得分的基础上直接加和。

8 评价方法

8.0.1 工程项目绿色施工批次评价次数每季度不应少于1次，且每阶段不应少于1次。

【条文解析】

工程项目绿色施工是一个动态过程，每一次的绿色施工批次评价是对动态过程一种状态的评价。通过评价，了解该状态的绿色施工情况，找出存在的问题，不断整改提高。所以，工程项目部应开展绿色施工自评价活动，自评价的频率应按照本条的规定。2010年版《标准》规定自评价的频率是每月1次，通过实践，认为施工现场一个月的变化对绿色施工评价结果的影响不显著。本标准将自评价频率做了适当调整。

项目部应根据自评价频率要求，定期对施工现场绿色施工情况进行批次和阶段性自评，并配备专人负责和落实绿色施工自评制度，认真完成基本规定评价（附录A）、要素与批次评价（附录B）和技术创新与阶段评价（附录C），每次自评完成后应对自评结果等进行分析与总结，必要时制订改进措施。

工程施工阶段划分见本标准第3.4.7条。建筑工程阶段评价分为：地基与基础工程、主体结构工程和装饰装修与机电安装工程三个阶段。不同于国家标准《建筑工程施工质量验收统一标准》GB 50300—2013的是，本标准的地基与基础工程阶段指建筑工程结构标高±0.00以下部分的全部施工内容。市政工程阶段评价根据工程对象不同和施工方式的差异，分为三种情况：（1）道桥工程分为：地基与基础工程、结构工程和桥（路）面及附属设施工程三个阶段；（2）隧道工程（矿山法施工）分为：开挖、衬砌与支护和附属设施工程三个阶段；（3）隧道工程（盾构法施工）分为：始发与接收、掘进与衬砌和附属设施工程三个阶段。

8.0.2 单位工程绿色施工评价时，应对施工策划、施工过程和评价等资料进行核定。

【条文解析】

单位工程绿色施工评价是工程绿色施工评价的最后步骤，根据评价结果分为不合格、合格和优良三个等级。本条规定了在单位工程绿色施工评价时，要对有关资料进行审核，包括施工策划、施工过程和评价的资料。

施工策划是指绿色施工策划，是绿色施工前期的筹划，编写绿色施工实施方案。其有关资料主要指第3章3.2节绿色施工策划的相应部分，包括了根据绿色施工影响因素分析、明确绿色施工目标、编制绿色施工实施方案，并将实施方案有针对性地融入绿色施工组织设计、绿色施工方案和绿色施工技术交底等项目部的基本施工技术文件内，在不增加文件类别的前提下，丰富文件内容。

施工过程是指绿色施工过程，是绿色施工的实施过程。项目部在实施过程中，应该保留绿色施工实施的有关佐证材料，如记录、统计表、文本、图纸、图片、影像等。

评价主要指绿色施工自评价，包括了基本规定评价、指标评价、要素评价、批次评价、阶段评价等，这些评价资料详见附录A、附录B、附录C。通过自评价，项目组应找出存在的问题和不足，提出改进计划和措施，不断提高绿色施工水平。

资料核定应重点核实批次和阶段评价资料的真实性和有效性；查验施工过程资料是否齐全并能与评价资料对应；施工策划是否有相应的绿色施工组织设计、绿色施工方案和绿色施工技术交底等文件，以及文件和措施等的科学性、有效性、可操作性等。

8.0.3 工程项目绿色施工评价应先对照本标准第3章的有关内容进行逐条、逐项核定，符合要求时，启动指标评价，不符合要求时，判定为绿色施工不合格。

【条文解析】

第3章中部分内容是绿色施工必须达到的标准。对第3章内容进行逐条、逐项核定，主要是3.4.3条所指的对绿色施工策划、管理要求的条款进行评价，同时也应该按照9.3.2条的要求，完成附录A的要求。

基本规定评价附录A的内容，是必须要达到的要求，只要其中1条不满足要求，就视为绿色施工不合格，下面的评价内容不再进行。只有通过了附录A的内容评价，才可进行下面的评价内容。

8.0.4 指标评价方法应符合下列规定：

1 控制项指标应全部满足，控制项评价方法应符合表8.0.4-1的规定。

表8.0.4-1 控制项评价方法

评分要求	结论	说明
措施到位，全部满足考评指标要求	符合要求	进入评分流程
措施不到位，不满足考评指标要求	不符合要求	一票否决，为绿色施工不合格

2 一般项指标应根据实际发生项执行的情况计分，一般项评价方法应符合表8.0.4-2的规定。

表8.0.4-2 一般项评价方法

评分要求	子项评分
措施到位，满足考评指标要求	2
措施到位，基本满足考评指标要求	1
措施不到位，不满足考评指标要求	0

3 优选项指标应根据实际发生项执行的情况加分，优选项评价方法应符合表8.0.4-3的规定。

表8.0.4-3 优选项评价方法

评分要求	子项评分
措施到位，满足考评指标要求	2
措施到位，基本满足考评指标要求	1
措施不到位，不满足考评指标要求	0

【条文解析】

本条规定了第4章、第5章和第6章控制项、一般项和优选项各条款的评价方法，具体见表 8.0.4-1～表 8.0.4-3 规定。表中评价要求的描述，可归纳为三种情况：(1)“措施到位，(完全)满足考评指标要求”，是指项目部根据条款要求，采取有效措施，包括管理、技术方法等，并具体实施；项目部提供的佐证材料或检查人员现场检查结果均能满足本书条款评价方法规定的各项要求；(2)“措施到位，基本满足考评指标要求”，是指项目部根据条款要求，采取有效措施，包括管理、技术方法等，并具体实施；项目部提供的佐证材料或检查人员现场检查结果至少有一项满足本书条款评价方法规定的要求；(3)“措施不到位，不满足考核指标要求”，是指项目部针对条款要求，没有采取有效措施并实施；项目部未能提供条文评价的佐证材料或检查人员现场检查结果不能满足条款的要求。

控制项评价只有两种结果，条款全部满足考评指标要求，通过，进入评分流程；只要有一项条款不满足指标要求，终止评价，为非绿色施工项目。一般项和优选项条款评价结果分为三个档次，分别是 2 分、1 分和 0 分，没有其他的档次。

8.0.5 要素评价得分应符合下列规定：

1 要素评价应在指标评价的基础上进行。

2 一般项得分应按百分制折算，并应按下式计算：

$$A = \frac{B}{C} \times 100 \qquad (8.0.5\text{-}1)$$

式中：A——一般项折算得分；

B——实际发生项目实际得分之和；

C——实际发生项目应得分之和。

3 要素评价得分应按下式计算：

$$F = A + D \qquad (8.0.5\text{-}2)$$

式中：F——要素评价得分；

D——优选项加分，按优选项实际发生项目加分求和。

【条文解析】

本条规定了要素评价方法。要素评价指的是对第 4 章环境保护评价指标、第 5 章资源节约评价指标、第 6 章人力资源节约和保护评价指标，即对环境保护、资源节约、人力资源节约和保护三大要素分别进行的总体评价。

一般项和优选项采用不同的计分形式。一般项采用百分制折算，某一要素的满分应该是 100 分。除了按照表 8.0.4-2 对实际发生条款打分，计算实际得分之和 B，还要根据项目实际情况，由评价专家鉴定不应该纳入打分的条款。对项目自评价来说，需要执行条文 3.4.2“应对绿色施工要素评价中的评价条款进行取舍”。这些不纳入打分的条款不计入应得分之和，据此计算应得分之和 C。不纳入打分条款的确定要慎重，应该有充分的理由。优选项按照表 8.0.4-3 计分，直接加和。

要素评价应完成附录 B 中表 B.0.2、表 B.0.3 和表 B.0.4的填写。

8.0.6 批次评价得分应符合下列规定：

1 批次评价得分应按下式计算：

$$E = \sum(F \times \omega_1) \qquad (8.0.6)$$

式中：E——批次评价得分；

ω_1——批次评价要素权重系数，按表 8.0.6 取值。

2 批次评价要素权重系数应按表 8.0.6 规定的分阶段进行确定。

表 8.0.6 批次评价要素权重系数表

评价要素	各要素权重系数（ω_1）
环境保护	0.45
资源节约	0.35
人力资源节约和保护	0.20

【条文解析】

批次评价可比较全面地评价施工现场某一状态下绿色施工的总体情况，是各要素评价得分的加权和。权重系数按照表 8.0.6 取值。批次评价应完成附录 B 中表 B.0.1。批次评价次数需满足本标准 8.0.1 条的规定。批次评价结论应由施工单位、监理单位和建设单位三方共同签字记录。

8.0.7 阶段评价得分应按下式计算：

$$G = G_1 + G_2 \tag{8.0.7-1}$$

$$G_1 = \frac{\sum E}{N} \tag{8.0.7-2}$$

式中：G——阶段评价得分；

N——批次评价次数；

G_1——阶段评价基本分；

G_2——阶段创新得分。

【条文解析】

阶段的划分参见本标准 3.4.7 条。阶段评价是指工程在该阶段内的综合得分，由两部分组成，其中阶段评价基本分 G_1 是在该阶段内各批次评价得分的平均值；阶段创新得分 G_2 是该阶段及其之前获得的创新成果得分。阶段评价应完成附录 C 中表 C.0.1 和表 C.0.2。阶段评价结论应由建设单位、监理单位和施工单位三方共同签字记录。

8.0.8 单位工程绿色评价基本得分应符合下列规定：

1 单位工程绿色评价基本得分应按下式计算：

$$W_1 = \sum(G_1 \times \omega_2) \tag{8.0.8}$$

式中：W_1——单位工程绿色评价基本得分；

ω_2——单位工程阶段权重系数，按本条第 2 款的规定取值。

2 单位工程阶段权重系数应符合下列规定：

1）建筑工程单位工程阶段权重系数应按表 8.0.8-1 的规定按阶段确定：

表 8.0.8-1 建筑工程单位工程阶段权重系数表

评价阶段	单位工程阶段权重系数（ω_2）
地基与基础工程	0.30
主体结构工程	0.40
装饰装修与机电安装工程	0.30

注：地基与基础工程指结构标高 ±0.00 以下。

2）市政工程单位工程阶段权重系数按表 8.0.8-2 的规定分阶段确定：

表 8.0.8-2 市政工程单位工程阶段权重系数表

道桥工程		矿山法施工的隧道工程		盾构法施工的隧道工程		管线工程	
评价阶段	单位工程阶段权重系数（ω_2）	评价阶段	单位工程阶段权重系数（ω_2）	评价阶段	单位工程阶段权重系数（ω_2）	评价阶段	单位工程阶段权重系数（ω_2）
地基与基础工程	0.40	开挖	0.40	始发与接收	0.40	定位	0.10
结构工程	0.40	衬砌与支护	0.40	掘进与衬砌	0.40	安装	0.60
桥（路）面及附属设施工程	0.20	附属设施	0.20	附属设施	0.20	测试与联网	0.30

注：地基与基础工程指结构标高 ±0.00 以下。

【条文解析】

单位工程评价基本得分是各阶段评价得分的加权和。权重系数按照表 8.0.8-1 或表 8.0.8-2 取值。单位工程评价完成附录 D 中表 D.0.1～表 D.0.5 之一。

8.0.9 单位工程评价总分计算方法应符合下列规定：

1 单位工程评价总分应按下式计算：

$$W = W_1 + W_2 \qquad (8.0.9)$$

式中：W——单位工程评价总分；

W_2——技术创新加分。

2 技术创新加分（W_2）可根据本标准第 7.0.2 条进行评价，单项加 0.5 分～1 分，总分最高加 5 分。

【条文解析】

单位工程评价是对绿色施工的全面评价，其总得分反映了项目绿色施工的整体水平。单位工程评价总分由两部分组成，其一为单位工程评价基本分 W_1，其二是技术创新加分 W_2。W_2 计分原则是指工程竣工验收时取得的全部技术创新成果得分。该加分按单项技术进行，每单项可加 0.5 分～1 分，总加分不超过 5 分。

8.0.10 单位工程绿色施工等级应按下列规定进行判定：

1 全部符合下列情况时，应判定为优良：

1）控制项全部满足要求；

2）单位工程评价总分（W）不少于 90 分；

3）每个评价要素中至少有两项优选项得分，且优选项总分不少于 25 分；

4）技术创新加分（W_2）不少于 3 分。

2 全部符合下列情况时，应判定为合格：

1）控制项全部满足要求；

2）单位工程评价总分（W）不少于 65 分；

3）每个评价要素中至少各有一项优选项得分，且优选项总分不少于 12 分；

4）技术创新加分（W_2）不少于 1.5 分。

3 不符合本条第 2 款时，应判定为不合格。

【条文解析】

本条规定了单位工程绿色施工评价的等级，分为优良、合格、不合格三种结果，只有合格等级以上的工程方可称为绿色施工工程。评价时采用排除法，先判断是否满足优良要求，如果规定的 4 个条件均满足，则为优良；否则再判断是否满足合格要求，同样，如果规定的 4 个条件均满足，则为合格；否则就判定为不合格。

2010 年版《标准》单位工程评价总分的满分 W 是 106.3 分，本标准增加了优先项的比重，并增加了创新指标评价得分，单位工程评价总分的满分 W 达到 127.7 分。因此，与 2010 年版《标准》相比，本标准优良的单位工程评价总分 W 的下限，从 80 分提高到 90 分；合格的单位工程评价总分 W 的下限从 60 分提高到 65 分。

9 评价组织和程序

9.1 评 价 组 织

9.1.1 单位工程绿色施工评价应由建设单位组织，施工单位和监理单位参加，评价结果应由建设、监理和施工单位三方签认。

【条文解析】

2017年2月24日，国务院办公厅关于《促进建筑业持续健康发展的意见》（国办发〔2017〕19号）指出“全面落实各方主体的工程质量责任，特别要强化建设单位的首要责任和勘察、设计、施工单位的主体责任”。2023年2月6日，中共中央、国务院印发《质量强国建设纲要》再次强调“全面落实各方主体的工程质量责任，强化建设单位工程质量首要责任和勘察、设计、施工、监理单位主体责任”。2020年5月8日，住房和城乡建设部《关于推进建筑垃圾减量化的指导意见》（建质〔2022〕46号）中也明确要“落实建设单位建筑垃圾减量化的首要责任”。

单位工程绿色施工评价是对工程建设项目绿色施工水平的最终评价，确定绿色施工的等级。实施绿色施工，建设单位也应负有相应的责任，特别是应将绿色施工目标纳入招标文件和合同文本。通过组织单位工程绿色施工评价，对施工单位进行的一次直接检查，了解合同中有关绿色施工目标完成的情况。建设单位高度重视绿色施工，各参建单位必然对绿色施工做出积极响应，完成合同中有关的规定。本条规定了单位工程绿色施工评价的组织方、参与方，明确了评价结果的确认方式。

9.1.2 单位工程绿色施工阶段评价应由建设单位或监理单位组织，建设单位、监理单位和施工单位参加，评价结果应由建设、监理、施工单位三方签认。

【条文解析】

绿色施工阶段评价是单位工程绿色施工评价的基础，是绿色施工实施过程的现场见证和真实佐证。绿色施工阶段评价既是对工程建设项目已完工程绿色施工水平及效果的分析和总结，也是对后续工程绿色施工实施的指导和建议，是绿色施工可持续改进的过程性评判活动，起到承上启下的作用。监理单位受建设单位委托，对工程项目施工活动负有管理和监督责任，由建设单位或监理单位组织绿色施工阶段评价，是对施工单位绿色施工批次评价的阶段性复检。本条规定了绿色施工阶段评价的组织单位、参与单位，明确了阶段评价结果的确认方式。

绿色施工阶段评价按工程性质分为建筑工程三阶段、市政工程三阶段，其中建筑工程分为地基与基础工程、主体结构工程、装饰装修与机电安装工程三个阶段。市政工程又按道桥工程分为地基与基础工程、结构工程、桥（路）面及附属工程三个阶段；隧道工程（矿山法施工）分为开挖、衬砌与支护、附属设施工程三个阶段；隧道工程（盾构法施工）分为始发与接收、掘进与衬砌、附属设施工程三个阶段。施工单位每完成一个阶段施工任务后均要向建设单位或监理单位提出绿色施工阶段评价申请，由建设单位或监理单位牵头组织，施工单位、监理单位、建设单位共同参与评价。

9.1.3 单位工程绿色施工批次评价应由施工单位组织，建设单位和监理单位参加，评价结果应由建设、监理、施工单位三方签认。

【条文解析】

绿色施工批次评价是绿色施工实施主体施工单位的自评价。施工单位是绿色施工实施的组织者，项目部是绿色施工实施的执行者，以项目经理为绿色施工第一责任人的项目部应在每个季度定期开展绿色施工自检和评价工作，自我评估绿色施工落实情况；施工单位定期开展联检和评价工作，系统内评估多个在施工程项目绿色施工技术水平和管理水平，比学赶超，不断提高企业绿色施工实施能力。

本条规定了绿色施工批次评价的组织单位、参与单位；明确了批次评价结果的确认方式。

绿色施工批次评价次数按每季度至少一次由施工单位或项目部组织牵头完成。若阶段施工周期不足一个季度，仍按一次进行批次评价。例如：某工程地基与基础工程阶段施工周期为两个月，在进行地基与基础工程阶段评价前，应由施工单位或项目部组织牵头一次批次评价；若施工周期为五个月，在进行地基与基础工程阶段评价前，应由施工单位或项目部组织牵头至少二次批次评价，以此类推。批次评价由建设单位、监理单位共同参与。

9.1.4 企业应对本企业范围内绿色施工项目进行随机检查，并对工程项目绿色施工完成情况进行评估。

【条文解析】

企业是项目经理部的法人单位，项目经理是企业法定代表人授权在建设工程施工项目上的管理者，项目经理部经营活动的法律后果由企业法人承担。因此，企业应对本企业范围内在施绿色工程项目进行检查、评价、管理、督导，自上而下共同推进项目绿色施工实施。

企业制定每季度内部绿色施工巡检评价制度，针对在施工程项目开展绿色施工逐一评价，打分排序。

9.1.5 项目部会同建设和监理单位应根据绿色施工情况，制订改进措施，由项目部实施改进。

【条文解析】

项目部是绿色施工的实施部门，各类自评价发现的问题，应该由项目部牵头，会同建设单位和监理单位，制订绿色施工改进计划，针对问题制订改进措施，落实到具体的工作中，不断提高绿色施工水平。

9.2 评价程序

9.2.1 单位工程绿色施工评价应由施工单位书面申请，在工程竣工前进行评价。

【条文解析】

施工单位是绿色施工的主体，单位工程绿色施工评价由施工单位向评价组织方书面申请。评价组织方可以是建设单位，如9.1.1条所规定，另外也可以是与工程建设无关的第三方。建设单位属于工程的相关方，所以建设单位组织的评价，也属于自评价范畴。

单位工程绿色施工在工程竣工前评价，含有两层意义，一是评价时可以进入现场检查核实，因为有的条文需要现场检查才能给出判断；二是评价时所有应该评价的条文的佐证材料已备齐，评价专家可以查阅。

9.2.2 单位工程绿色施工评价应检查相关技术和管理资料，并听取施工单位绿色施工总体情况报告，综合确定绿色施工评价等级。

【条文解析】

单位工程绿色施工评价专家检查相关的资料包括施工单位的自评价资料、过程检查资料以及条文实施的佐证资料等，同时听取施工单位的绿色施工总体情况汇报，确定绿色施工的评价等级。施工单位的汇报内容，应根据评价组织单位的要求进行。

9.3 评 价 资 料

9.3.1 绿色施工评价资料应按规定记录、收集、整理、分析、总结、存档、备案。存档备案年限应为竣工交付后12个月或遵照当地行政主管部门规定。

【条文解析】

绿色施工评价资料是绿色施工评价的依据，提供给评价专家查阅。绿色施工评价资料应在绿色施工工作中不断地记录、收集、存档，满足绿色施工评价的要求。

评价资料大致可以分为三类：一是自评价材料，包括9.3.2条所列的评价表和自评价报告，需要项目部对绿色施工的成效的整理、分析、总结；二是条文实施的佐证材料，需要在绿色施工实施过程记录、收集统计、整理等；三是第三方评价材料，包括9.3.2条所列的评价表和评价意见。上述资料根据需要或有关规定进行存档、备案，以便查阅。

9.3.2 单位工程绿色施工评价应填写各类表格，并符合下列规定：

1 基本规定评价表应符合本标准附录A的规定；

2 要素与批次评价表应符合本标准附录B的规定；

3 技术创新与阶段评价表应符合本标准附录C的规定；

4 单位工程评价表应符合本标准附录D的规定。

【条文解析】

单位工程绿色施工评价应完成附录中的各类表格，包括自评价和第三方评价。自评价是工程建设相关方对自己绿色施工工作的评价，在条文评价中应将对应的佐证材料标注明确，并将评价资料分门别类存档，以便查阅。第三方评价在填写各类表格时，应检查对应的条文的佐证材料，确保各条文评价有理有据。全部完成本条规定的各类表格的填写，也就是完成了单位工程绿色施工的评价，给出了绿色施工评价等级。

附录A　基本规定评价

A.0.1　基本规定评价表应按表A.0.1执行。

表A.0.1　基本规定评价表

工程名称		工程所在地	
施工单位名称		评价编号（批次/阶段）	
施工阶段	□建筑工程　□市政工程	填表日期	
标准条款	基本内容	评价标准	结论
3.1	实施组织	措施到位，全部满足要求，进入环保、节约、人力资源节约和保护要素评分流程；否则，一票否决，为绿色施工不合格	
3.1.1	总承包单位应对工程项目的绿色施工负总责		
3.1.2	分包单位应对承包范围内的工程项目绿色施工负责		
3.1.3	项目部应建立以项目经理为第一责任人的绿色施工管理体系		
3.2	绿色施工策划		
3.2.1	工程项目开工前，项目部应进行绿色施工影响因素分析，明确绿色施工目标		
3.2.2	项目部应依据绿色施工影响因素的分析结果进行绿色施工策划，并应对绿色施工评价要素中的评价条款进行取舍		
3.2.3	绿色施工策划应通过绿色施工组织设计、绿色施工方案和绿色施工技术交底等文件的编制实现		
3.2.4	绿色施工组织设计及其方案应包括技术和管理创新的内容及相应措施		
3.3	管理要求		
3.3.1	施工单位应对工程项目绿色施工进行检查		
3.3.2	工程项目绿色施工应符合下列规定		
1	建立健全的绿色施工管理体系和制度		
2	具有齐全的绿色施工策划文件		
3	设立清晰醒目的绿色施工宣传标识		
4	建立专业培训和岗位培训相结合的绿色施工培训制度，并有实施记录		
5	绿色施工批次和阶段评价记录完整，持续改进的资料保存齐全		

续表 A.0.1

标准条款	基本内容				评价标准		结论
6	采集和保存实施过程中的绿色施工典型图片或影像资料				措施到位，全部满足要求，进入环保、节约、人力资源节约和保护要素评分流程；否则，一票否决，为绿色施工不合格		
7	推广应用“四新”技术						
8	分包合同或劳务合同包含绿色施工要求						
3.3.3	当发生下列情况之一时，不得评为绿色施工合格项目				全部未发生，进入环保、节约、人力资源节约和保护要素评分流程；否则，一票否决，为绿色施工不合格		
1	发生安全生产死亡责任事故						
2	发生工程质量事故或由质量问题造成不良社会影响						
3	发生群体传染病、食物中毒等责任事故						
4	施工中因“环境保护与资源节约”问题被政府管理部门处罚						
5	违反国家有关“环境保护与资源节约”的法律法规，造成社会影响						
6	施工扰民造成社会影响						
7	施工现场焚烧废弃物						
3.3.4	图纸会审应包括绿色施工内容				措施到位，全部满足要求，进入环保、节约、人力资源节约和保护要素评分流程；否则，一票否决，为绿色施工不合格		
3.3.5	施工单位应进行施工图、绿色施工组织设计和绿色施工方案的优化						
签字栏	施工单位（组织）		监理单位（参与）		建设单位（参与）		
	签字人：	职务：	签字人：	职务：	签字人：	职务：	

注：符合“√”，不符合“×”，没有发生填“未发生”。

附录B　要素与批次评价

B. 0. 1　批次评价表应按表B.0.1执行。

表B. 0. 1　批次评价表

<table>
<tr><td>工程名称</td><td colspan="2"></td><td>工程所在地</td><td colspan="2"></td></tr>
<tr><td>施工单位名称</td><td colspan="2"></td><td>评价编号
（批次／阶段）</td><td colspan="2"></td></tr>
<tr><td>施工阶段</td><td></td><td>□建筑工程
□市政工程</td><td>填表日期</td><td colspan="2"></td></tr>
<tr><td>评价要素</td><td colspan="2">要素评价得分 F</td><td>权重系数 ω_1</td><td colspan="2">批次评价得分 E</td></tr>
<tr><td>环境保护</td><td colspan="2"></td><td>0.45</td><td colspan="2"></td></tr>
<tr><td>资源节约</td><td colspan="2"></td><td>0.35</td><td colspan="2"></td></tr>
<tr><td>人力资源节约和保护</td><td colspan="2"></td><td>0.20</td><td colspan="2"></td></tr>
<tr><td>评价结论</td><td colspan="2">$E=\sum(F\times\omega_1)$
式中：E——批次评价得分；
F——要素评价得分；
ω_1——批次评价要素权重系数</td><td>合计</td><td colspan="2"></td></tr>
<tr><td rowspan="2">签字栏</td><td colspan="2">施工单位（组织）</td><td colspan="2">监理单位（参与）</td><td>建设单位（参与）</td></tr>
<tr><td>签字人：</td><td>职务：</td><td>签字人：</td><td>职务：</td><td>签字人：　职务：</td></tr>
</table>

B. 0. 2　环境保护要素评价表应按表B.0.2执行。

表B. 0. 2　环境保护要素评价表

<table>
<tr><td colspan="2">工程名称</td><td colspan="2"></td><td>工程所在地</td><td></td></tr>
<tr><td colspan="2">施工单位名称</td><td colspan="2"></td><td>评价编号
（批次／阶段）</td><td></td></tr>
<tr><td colspan="2">施工阶段</td><td></td><td>□建筑工程　□市政工程</td><td>填表日期</td><td></td></tr>
<tr><td rowspan="4">控制项</td><td colspan="3">标准条款及要求</td><td>评价标准</td><td>结论</td></tr>
<tr><td colspan="3">4.1.1　绿色施工策划文件中应包含环境保护内容，并建立环境保护管理制度</td><td rowspan="3">措施到位，全部满足要求，进入“一般项”和“优选项”评分流程；否则，一票否决，为绿色施工不合格</td><td></td></tr>
<tr><td colspan="3">4.1.2　施工现场应在醒目位置设置环境保护标识</td><td></td></tr>
<tr><td colspan="3">4.1.3　施工现场的古迹、文物、树木及生态环境等应采取有效保护措施，制定地下文物保护应急预案</td><td></td></tr>
</table>

续表 B.0.2

	标准条款及要求	计分标准	应得分	实得分
一般项	4.2.1　扬尘控制应包括下列内容	每一子目应得分为 2 分，实得分则据现场实际情况按 0 ～ 2 分评价： ① 措施到位，满足考评指标要求，得分：2； ② 措施到位，基本满足考评指标要求，得分：1； ③ 措施不到位，不满足考评指标要求，得分：0		
	1　现场建立洒水清扫制度，配备洒水设备，并有专人负责			
	2　对裸露地面、集中堆放的土方采取抑尘措施			
	3　现场进出口设车胎冲洗设施和吸湿垫，保持进出现场车辆清洁			
	4　易飞扬和细颗粒建筑材料封闭存放，余料回收			
	5　拆除、爆破、开挖、回填及易产生扬尘的施工作业有抑尘措施			
	6　高空垃圾清运采用封闭式管道或垂直运输机械			
	7　遇有六级及以上大风天气时，停止土方开挖、回填、转运及其他可能产生扬尘污染的施工活动			
	8　现场运送土石方、弃渣及易引起扬尘的材料时，车辆采取封闭或遮盖措施			
	9　弃土场封闭，并进行临时性绿化			
	10　现场搅拌设有密闭和防尘措施			
	11　现场采用清洁燃料			
	4.2.2　废气排放控制应包括下列内容			
	1　施工车辆及机械设备废气排放符合国家年检要求			
	2　现场厨房烟气净化后排放			
	3　在环境敏感区域内的施工现场进行喷漆作业时，设有防挥发物扩散措施			
	4.2.3　建筑垃圾处置应包括下列内容			
	1　制订建筑垃圾减量化专项方案，明确减量化、资源化具体指标及各项措施			
	2　装配式建筑施工的垃圾排放量不大于 200t/万 m^2，非装配式建筑施工的垃圾排放量不大于 300t/万 m^2			
	3　建筑垃圾回收利用率达到 30%，建筑材料包装物回收利用率达到 100%			
	4　现场垃圾分类、封闭、集中堆放			
	5　办理施工渣土、建筑废弃物等排放手续，按指定地点排放			
	6　碎石和土石方类等建筑垃圾用作地基和路基回填材料			
	7　土方回填未采用有毒有害废弃物			

续表 B.0.2

	标准条款及要求	计分标准	应得分	实得分
一般项	8 施工现场办公用纸两面使用，废纸回收，废电池、废硒鼓、废墨盒、剩油漆、剩涂料等有毒有害的废弃物封闭分类存放，设置醒目标识，并由符合要求的专业机构消纳处置	每一子目应得分为2分，实得分则据现场实际情况按0～2分评价： ① 措施到位，满足考评指标要求，得分：2； ② 措施到位，基本满足考评指标要求，得分：1； ③ 措施不到位，不满足考评指标要求，得分：0		
	9 施工选用绿色、环保材料			
	4.2.4 污水排放控制应包括下列内容			
	1 现场道路和材料堆放场地周边设置排水沟			
	2 工程污水和试验室养护用水处理合格后，排入市政污水管道，检测频率不少于1次／月			
	3 现场厕所设置化粪池，化粪池定期清理			
	4 工地厨房设置隔油池，定期清理			
	5 工地生活污水、预制场和搅拌站等施工污水达标排放和利用			
	6 钻孔桩、顶管或盾构法作业采用泥浆循环利用系统，不得外溢漫流			
	4.2.5 光污染控制应包括下列内容			
	1 施工现场采取限时施工、遮光或封闭等防治光污染措施			
	2 焊接作业时，采取挡光措施			
	3 施工场区照明采取防止光线外泄措施			
	4.2.6 噪声控制应包括下列内容			
	1 针对现场噪声源，采取隔声、吸声、消音等降噪措施			
	2 采用低噪声施工设备			
	3 噪声较大的机械设备远离现场办公区、生活区和周边敏感区			
	4 混凝土输送泵、电锯等机械设备设置吸声降噪屏或其他降噪措施			
	5 施工作业面设置降噪设施			
	6 材料装卸设置降噪垫层，轻拿轻放，控制材料撞击噪声			
	7 施工场界声强限值昼间不大于70dB（A），夜间不大于55dB（A）			

续表 B.0.2

<table>
<tr><td></td><td>标准条款及要求</td><td>计分标准</td><td>应得分</td><td>实得分</td></tr>
<tr><td rowspan="12">优选项</td><td>4.3.1　施工现场宜设置可移动厕所，并定期清运、消毒</td><td rowspan="12">每一子目应得分为2分，实得分则据现场实际情况按0～2分选择：
① 措施到位，满足考评指标要求，得分：2；
② 措施到位，基本满足考评指标要求，得分：1；
③ 措施不到位，不满足考评指标要求，得分：0</td><td></td><td></td></tr>
<tr><td>4.3.2　施工现场宜采用自动喷雾（淋）降尘系统</td><td></td><td></td></tr>
<tr><td>4.3.3　施工场界宜设置扬尘自动监测仪，动态连续定量监测扬尘（TSP、PM_{10}）</td><td></td><td></td></tr>
<tr><td>4.3.4　施工场界宜设置动态连续噪声监测设施，保存昼夜噪声曲线</td><td></td><td></td></tr>
<tr><td>4.3.5　装配式建筑施工的垃圾排放量不宜大于140t/万m^2，非装配式建筑施工的垃圾排放量不宜大于210t/万m^2</td><td></td><td></td></tr>
<tr><td>4.3.6　建筑垃圾回收利用率宜达到50%</td><td></td><td></td></tr>
<tr><td>4.3.7　施工现场宜采用地磅或自动监测平台，动态计量建筑废弃物重量</td><td></td><td></td></tr>
<tr><td>4.3.8　施工现场宜采用雨水就地渗透措施</td><td></td><td></td></tr>
<tr><td>4.3.9　施工现场宜采用生态环保泥浆、泥浆净化器反循环快速清孔等环境保护技术</td><td></td><td></td></tr>
<tr><td>4.3.10　施工现场宜采用水封爆破、静态爆破等高效降尘的先进工艺</td><td></td><td></td></tr>
<tr><td>4.3.11　土方施工宜采用水浸法湿润土壤等降尘方法</td><td></td><td></td></tr>
<tr><td>4.3.12　施工现场淤泥质渣土宜经脱水后外运</td><td></td><td></td></tr>
<tr><td>评价结果</td><td colspan="4">一般项得分 $A=(B/C)\times100$
优选项得分 D 为优选项实际发生项目加分之和。
要素评价得分 $F=A+D$</td></tr>
</table>

<table>
<tr><td rowspan="2">签字栏</td><td colspan="2">施工单位（组织）</td><td colspan="2">监理单位（参与）</td><td colspan="2">建设单位（参与）</td></tr>
<tr><td>签字人：</td><td>职务：</td><td>签字人：</td><td>职务：</td><td>签字人：</td><td>职务：</td></tr>
</table>

B. 0. 3　资源节约要素评价汇总表应按表 B.0.3 执行。

表 B. 0. 3　资源节约要素评价汇总表

<table>
<tr><td colspan="2">工程名称</td><td colspan="2"></td><td>工程所在地</td><td></td></tr>
<tr><td colspan="2">施工单位名称</td><td colspan="2"></td><td>评价编号（批次／阶段）</td><td></td></tr>
<tr><td colspan="2">施工阶段</td><td></td><td>□建筑工程　□市政工程</td><td>填表日期</td><td></td></tr>
<tr><td rowspan="3">控制项</td><td colspan="3">标准条款及要求</td><td>评价标准</td><td>结论</td></tr>
<tr><td colspan="3">5.1.1　绿色施工策划文件中应涵盖资源节约与利用的内容</td><td rowspan="2">措施到位，全部满足要求，进“一般项”和“优选项”评分流程；否则，一票否决，为绿色施工不合格</td><td></td></tr>
<tr><td colspan="3">5.1.2　项目部应建立具体材料进场计划，以及材料采购、限额领料等管理制度</td><td></td></tr>
</table>

续表 B.0.3

<table>
<tr><td rowspan="3">控制项</td><td>标准条款及要求</td><td>评价标准</td><td colspan="2">结论</td></tr>
<tr><td>5.1.3 项目部应制定用水、用能消耗指标，办公区、生活区、生产区用水、用能单独计量，并建立台账</td><td rowspan="2">措施到位，全部满足要求，进“一般项”和“优选项”评分流程；否则，一票否决，为绿色施工不合格</td><td colspan="2"></td></tr>
<tr><td>5.1.4 项目部应了解施工场地及毗邻区域内人文景观、特殊地质及基础设施管线分布情况，制定相应的用地计划和保护措施</td><td colspan="2"></td></tr>
<tr><td rowspan="28">一般项</td><td>标准条款及要求</td><td>计分标准</td><td>应得分</td><td>实得分</td></tr>
<tr><td>5.2.1 临时设施应包括下列内容</td><td rowspan="27">每一子目应得分为 2 分，实得分则据现场实际情况按 0 ～ 2 分评价：
① 措施到位，满足考评指标要求，得分：2；
② 措施到位，基本满足考评指标要求，得分：1；
③ 措施不到位，不满足考评指标要求，得分：0</td><td></td><td></td></tr>
<tr><td>1 合理规划设计临时用电线路铺设、配电箱配置和照明布局</td><td></td><td></td></tr>
<tr><td>2 办公区和生活区节能照明灯具配置率达到 100%</td><td></td><td></td></tr>
<tr><td>3 合理设计临时用水系统，供水管线及末端无渗漏</td><td></td><td></td></tr>
<tr><td>4 临时用水系统节水器具配置率达到 100%</td><td></td><td></td></tr>
<tr><td>5 采用多层、可周转装配式临时办公及生活用房</td><td></td><td></td></tr>
<tr><td>6 临时用房围护结构满足节能指标，外窗有遮阳设施</td><td></td><td></td></tr>
<tr><td>7 采用可周转装配式场界围挡和临时路面</td><td></td><td></td></tr>
<tr><td>8 采用标准化、可周转装配式作业工棚、试验用房及安全防护设施</td><td></td><td></td></tr>
<tr><td>9 利用既有建筑物、市政设施和周边道路</td><td></td><td></td></tr>
<tr><td>10 采用永临结合技术</td><td></td><td></td></tr>
<tr><td>11 使用再生建筑材料建设临时设施</td><td></td><td></td></tr>
<tr><td>5.2.2 材料节约应包括下列内容</td><td></td><td></td></tr>
<tr><td>1 利用 BIM 等信息技术，深化设计、优化方案，减少用材、降低损耗</td><td></td><td></td></tr>
<tr><td>2 采用管件合一的脚手架和支撑体系</td><td></td><td></td></tr>
<tr><td>3 采用高周转率的新型模架体系</td><td></td><td></td></tr>
<tr><td>4 采用钢或钢木组合龙骨</td><td></td><td></td></tr>
<tr><td>5 利用粉煤灰、矿渣、外加剂及新材料，减少水泥用量</td><td></td><td></td></tr>
<tr><td>6 现场使用预拌混凝土、预拌砂浆</td><td></td><td></td></tr>
<tr><td>7 钢筋连接采用对接、机械等低损耗连接方式</td><td></td><td></td></tr>
<tr><td>8 墙、地块材饰面预先总体排版，合理选材</td><td></td><td></td></tr>
<tr><td>9 对工程成品采取保护措施</td><td></td><td></td></tr>
<tr><td>5.2.3 用水节约应包括下列内容</td><td></td><td></td></tr>
<tr><td>1 混凝土养护采用覆膜、喷淋设备、养护液等节水工艺</td><td></td><td></td></tr>
<tr><td>2 管道打压采用循环水</td><td></td><td></td></tr>
</table>

续表 B.0.3

	标准条款及要求	计分标准	应得分	实得分
一般项	3　施工废水与生活废水有收集管网、处理设施和利用措施	每一子目应得分为2分，实得分则据现场实际情况按0～2分评价： ① 措施到位，满足考评指标要求，得分：2； ② 措施到位，基本满足考评指标要求，得分：1； ③ 措施不到位，不满足考评指标要求，得分：0		
	4　雨水和基坑降水产生的地下水有收集管网、处理设施和利用措施			
	5　喷洒路面、绿化浇灌采用非传统水源			
	6　现场冲洗机具、设备和车辆采用非传统水源			
	7　非传统水源经过处理和检验合格后作为施工、生活非饮用水			
	8　采用非传统水源，并建立使用台账			
	5.2.4　水资源保护应包括下列内容			
	1　采用基坑封闭降水施工技术			
	2　基坑抽水采用动态管理技术，减少地下水开采量			
	3　不得向水体倾倒有毒有害物品及垃圾			
	4　制订水上和水下机械作业方案，并采取安全和防污染措施			
	5.2.5　能源节约应包括下列内容			
	1　合理安排施工工序和施工进度，共享施工机具资源，减少垂直运输设备能耗，避免集中使用大功率设备			
	2　建立机械设备管理档案，定期检查保养			
	3　高耗能设备单独配置计量仪器，定期监控能源利用情况，并有记录			
	4　建筑材料及设备的选用应根据就近原则，500km以内生产的建筑材料及设备重量占比大于70%			
	5　合理布置施工总平面图，避免现场二次搬运			
	6　减少夜间作业、冬期施工和雨天施工时间			
	7　地下工程混凝土施工采用溜槽或串筒浇筑			
	5.2.6　土地保护应包括下列内容			
	1　施工总平面根据功能分区集中布置			
	2　采取措施，防止施工现场土壤侵蚀、水土流失			
	3　优化土石方工程施工方案，减少土方开挖和回填量			
	4　危险品、化学品存放处采取隔离措施			
	5　污水排放管道不得渗漏			
	6　对机用废油、涂料等有害液体进行回收，不得随意排放			
	7　工程施工完成后，进行地貌和植被复原			

续表 B.0.3

	标准条款及要求	计分标准	应得分	实得分
优选项	5.3.1 主要建筑材料损耗率宜比定额损耗率低 50% 以上	每一子目应得分为 2 分，实得分则据现场实际情况按 0 ～ 2 分评价： ① 措施到位，满足考评指标要求，得分：2； ② 措施到位，基本满足考评指标要求，得分：1； ③ 措施不到位，不满足考评指标要求，得分：0		
	5.3.2 采用钢筋工厂化加工和集中配送			
	5.3.3 大宗板材、线材定尺采购，集中配送			
	5.3.4 采用清水混凝土技术、免抹灰技术			
	5.3.5 充分利用物联网技术管控物资、设备			
	5.3.6 采用无污染地下水回灌			
	5.3.7 施工现场采用可周转的恒温恒湿蒸汽养护设施与自动控制系统			
	5.3.8 设置在海岛海岸的无市政管网接入条件的工程项目，采用海水淡化系统			
	5.3.9 单位工程单位建筑面积的用电量比定额节约 10% 以上			
	5.3.10 单位工程单位建筑面积的用水量比定额节约 10% 以上			
	5.3.11 施工现场利用太阳能或其他可再生能源			
	5.3.12 建筑垃圾垂直运输时，采用重力势能装置			
	5.3.13 无直接采光的施工通道和施工区域照明宜采用声控、光控、延时等控制方式			

评价结果	一般项得分 $A=(B/C)\times100$ 优选项得分 D 为优选项实际发生项目加分之和。 要素评价得分 $F=A+D$					
签字栏	施工单位（组织）		监理单位（参与）		建设单位（参与）	
	签字人：	职务：	签字人：	职务：	签字人：	职务：

B.0.4 人力资源节约和保护要素评价汇总表应按表 B.0.4 执行。

表 B.0.4 人力资源节约和保护要素评价汇总表

工程名称			工程所在地	
施工单位名称			评价编号（批次 / 阶段）	
施工阶段		□建筑工程 □市政工程	填表日期	
	标准条款及要求		评价标准	结论
控制项	6.1.1 绿色施工策划文件中应包含人力资源节约和保护内容，并建立相关制度		措施到位，全部满足要求，进“一般项”和“优选项”评分流程；否则，一票否决，为绿色施工不合格	
	6.1.2 施工现场人员应实行实名制管理			

续表 B.0.4

	标准条款及要求	评价标准	结论	
控制项	6.1.3　炊事员应持有效健康证明	措施到位，全部满足要求，进“一般项”和“优选项”评分流程；否则，一票否决，为绿色施工不合格		
	6.1.4　施工现场人员应按规定要求持证上岗			
	6.1.5　施工现场应按规定配备消防、防疫、医务、安全、健康等设施和用品			
一般项	标准条款及要求	计分标准	应得分	实得分
	6.2.1　人员健康保障应包括下列内容	每一子目应得分为 2 分，实得分则据现场实际情况按 0 ～ 2 分评价： ① 措施到位，满足考评指标要求，得分：2； ② 措施到位，基本满足考评指标要求，得分：1； ③ 措施不到位，不满足考评指标要求，得分：0		
	1　制定职业病预防措施，定期对高原地区施工人员、从事有职业病危害作业的人员进行体检			
	2　生活区、办公区、生产区有专人负责环境卫生			
	3　生活区、办公区设置可回收与不可回收垃圾桶，餐厨垃圾单独回收处理，并定期清运			
	4　生活区中的垃圾堆放区域定期消毒			
	5　施工作业区、生活区和办公区分开布置，生活设施远离有毒有害物质			
	6　现场有应急疏散、逃生标志、应急照明			
	7　现场有防暑防寒设施，并设专人负责			
	8　现场设置医务室，有人员健康应急预案			
	9　生活区设置满足施工人员使用的盥洗设施			
	10　现场宿舍人均使用面积不得小于 $2.5m^2$，并设置可开启式外窗			
	11　制定食堂管理制度，建立熟食留样台账			
	12　特殊环境条件下施工，有防止高温、高湿、高盐、沙尘暴等恶劣气候条件及野生动植物伤害措施和应急预案			
	13　工人宿舍设置消防报警、防火等安全装置			
	6.2.2　劳动力保护应包括下列内容			
	1　建立合理的休息、休假、加班及女职工特殊保护等管理制度			
	2　减少夜间、雨天、严寒和高温天作业时间			
	3　施工现场危险地段、设备、有毒有害物品存放处等设置醒目安全标志，并配备相应应急设施			
	4　在有毒、有害、有刺激性气味、强光和强噪声环境施工的人员，佩戴相应的防护器具和劳动保护用品			
	5　深井、密闭环境、防水和室内装修施工时，设置通风设施			
	6　在水上作业时穿着救生衣			
	7　施工现场人车分流，并有隔离措施			

续表 B.0.4

	标准条款及要求	计分标准	应得分	实得分
一般项	8 模板脱模剂、涂料等采用水性材料	每一子目应得分为2分，实得分则据现场实际情况按0～2分评价： ① 措施到位，满足考评指标要求，得分：2； ② 措施到位，基本满足考评指标要求，得分：1； ③ 措施不到位，不满足考评指标要求，得分：0		
	6.2.3 劳务节约应包括下列内容			
	1 优化绿色施工组织设计和绿色施工方案，合理安排工序			
	2 因地制宜制定各施工阶段劳动力劳务使用计划，合理投入施工作业人员			
	3 建立施工人员培训计划和培训实施台账			
	4 建立劳务使用台账，统计分析施工现场劳务使用情况			
	5 使用高效施工机具和设备			
优选项	6.3.1 钢结构采用现场免焊接技术			
	6.3.2 采用机械喷涂、抹灰等自动化施工设备			
	6.3.3 结构构件采用装配化安装			
	6.3.4 管道设备采用模块化安装			
	6.3.5 建筑部件采用整体化安装			
	6.3.6 设置心理疏导室、活动室、阅览室等			
	6.3.7 配备文体、娱乐设施			
评价结果	一般项得分 $A=(B/C)\times100$ 优选项得分 D 为优选项实际发生项目加分之和。 要素评价得分 $F=A+D$			

签字栏	施工单位（组织）		监理单位（参与）		建设单位（参与）	
	签字人：	职务：	签字人：	职务：	签字人：	职务：

附录C　技术创新与阶段评价

C.0.1　阶段评价汇总表应按表C.0.1执行。

表C.0.1　阶段评价汇总表

<table>
<tr><td>工程名称</td><td colspan="2"></td><td>工程所在地</td><td colspan="3"></td></tr>
<tr><td>施工单位名称</td><td colspan="2"></td><td>评价编号（阶段）</td><td colspan="3"></td></tr>
<tr><td>施工阶段</td><td></td><td>□建筑工程
□市政工程</td><td>填表日期</td><td colspan="3"></td></tr>
<tr><td>评价批次</td><td colspan="2">批次得分</td><td>评价批次</td><td colspan="3">批次得分</td></tr>
<tr><td>1</td><td colspan="2"></td><td>6</td><td colspan="3"></td></tr>
<tr><td>2</td><td colspan="2"></td><td>7</td><td colspan="3"></td></tr>
<tr><td>3</td><td colspan="2"></td><td>8</td><td colspan="3"></td></tr>
<tr><td>4</td><td colspan="2"></td><td>9</td><td colspan="3"></td></tr>
<tr><td>5</td><td colspan="2"></td><td>…</td><td colspan="3"></td></tr>
<tr><td>阶段评价结论</td><td colspan="6">阶段评价得分 $G=\frac{\sum E}{N}+G_2$
式中：G——阶段评价得分；
E——各批次评价得分；
N——批次评价次数；
G_2——阶段创新得分</td></tr>
<tr><td rowspan="2">签字栏</td><td colspan="2">施工单位（组织）</td><td colspan="2">监理单位（参与）</td><td colspan="2">建设单位（参与）</td></tr>
<tr><td>签字人：</td><td>职务：</td><td>签字人：</td><td>职务：</td><td>签字人：</td><td>职务：</td></tr>
</table>

C.0.2　技术创新评价表应按表C.0.2执行。

表C.0.2　技术创新评价表

<table>
<tr><td colspan="2">工程名称</td><td colspan="2"></td><td>工程所在地</td><td></td></tr>
<tr><td colspan="2">施工单位名称</td><td colspan="2"></td><td>评价编号（阶段）</td><td></td></tr>
<tr><td colspan="2">施工阶段</td><td></td><td>□建筑工程
□市政工程</td><td>填表日期</td><td></td></tr>
<tr><td rowspan="4">加分项</td><td colspan="3">标准条款及要求</td><td>加分标准</td><td>实得分</td></tr>
<tr><td colspan="3">7.0.2　技术创新评价指标应包括下列内容</td><td rowspan="3">阶段创新加分 G_2 可根据阶段实施结果单项加0.5分～1分，总分最高加5分</td><td></td></tr>
<tr><td colspan="3">1　装配式施工技术</td><td></td></tr>
<tr><td colspan="3">2　信息化施工技术</td><td></td></tr>
</table>

续表 C.0.2

<table>
<tr><td></td><td colspan="2">标准条款及要求</td><td colspan="2">加分标准</td><td colspan="2">实得分</td></tr>
<tr><td rowspan="8">加分项</td><td colspan="2">3　基坑与地下工程施工的资源保护和创新技术</td><td colspan="2" rowspan="8">阶段创新加分 G_2 可根据阶段实施结果单项加 0.5 分～1 分，总分最高加 5 分</td><td colspan="2"></td></tr>
<tr><td colspan="2">4　建材与施工机具和设备绿色性能评价及选用技术</td><td colspan="2"></td></tr>
<tr><td colspan="2">5　钢结构、预应力结构和新型结构施工技术</td><td colspan="2"></td></tr>
<tr><td colspan="2">6　高性能混凝土应用技术</td><td colspan="2"></td></tr>
<tr><td colspan="2">7　高强度、耐候钢材应用技术</td><td colspan="2"></td></tr>
<tr><td colspan="2">8　新型模架开发与应用技术</td><td colspan="2"></td></tr>
<tr><td colspan="2">9　建筑垃圾减排及回收再利用技术</td><td colspan="2"></td></tr>
<tr><td colspan="2">10　其他先进施工技术</td><td colspan="2"></td></tr>
<tr><td rowspan="2">加分依据</td><td colspan="2">7.0.1　绿色施工应开展技术创新活动</td><td colspan="2" rowspan="2">阶段创新得分 G_2</td><td colspan="2"></td></tr>
<tr><td colspan="2">7.0.3　技术创新应有专业技术先进性和综合价值的评审资料</td><td colspan="2"></td></tr>
<tr><td rowspan="2">签字栏</td><td colspan="2">建设单位（组织）</td><td colspan="2">监理单位（参与）</td><td colspan="2">施工单位（参与）</td></tr>
<tr><td>签字人:</td><td>职务:</td><td>签字人:</td><td>职务:</td><td>签字人:</td><td>职务:</td></tr>
</table>

附录D　单位工程评价

D.0.1 建筑工程单位工程评价汇总表应按表 D.0.1 执行。

表 D.0.1　单位工程评价汇总表（建筑工程）

工程名称		工程所在地	
施工单位名称		填表日期	
施工阶段	单位工程竣工 或申请五方验收	工程类别	建筑工程
评价阶段	阶段得分	权重系数	权重后得分
地基与基础工程		0.30	
主体结构工程		0.40	
装饰装修与机电安装工程		0.30	
单位工程绿色评价基本得分 W_1	—	W_1	
技术创新加分 W_2	—	W_2	
评价结论	$W = W_1 + W_2$ 1　不合格： 1）存在任意一项控制项不满足要求； 2）单位工程总得分（W）$<$ 65 分； 3）权重最大阶段得分 $<$ 65 分。 2　合格： 1）控制项全部满足要求； 2）单位工程总得分 $65 \leqslant W < 90$ 分，权重最大阶段得分 $\geqslant$ 65 分； 3）至少每个评价要素各有一个优选项得分，优选项总分 $\geqslant$ 12 分； 4）技术创新加分（W_2）$\geqslant$ 1.5 分。 3　优良： 1）控制项全部满足要求； 2）单位工程总得分 $W \geqslant 90$ 分，且权重最大阶段得分 $\geqslant$ 90 分； 3）至少每个评价要素各中有两项优选项得分，且优选项总分 $\geqslant$ 25 分； 4）技术创新加分（W_2）$\geqslant$ 3 分。 结论：		

签字栏	建设单位（组织）		监理单位（参与）		施工单位（参与）	
	签字人：	职务：	签字人：	职务：	签字人：	职务：

D. 0. 2 道桥工程单位工程评价汇总表应按表 D.0.2 执行。

表 D. 0. 2 单位工程评价汇总表（道桥工程）

工程名称		工程所在地	
施工单位名称		填表日期	
施工阶段	单位工程竣工 或申请五方验收	工程类别	市政工程
评价阶段	阶段得分	权重系数	权重后得分
地基与基础		0.40	
结构工程		0.40	
桥（路）面及附属设施工程		0.20	
单位工程绿色评价基本得分 W_1	—	W_1	
技术创新加分 W_2	—	W_2	
评价结论	$W = W_1 + W_2$ 1 不合格： 1）存在任意一项控制项不满足要求； 2）单位工程总得分（W）＜ 65 分； 3）权重最大阶段得分＜ 65 分。 2 合格： 1）控制项全部满足要求； 2）单位工程总得分 65 ≤ W ＜ 90 分，权重最大阶段得分≥ 65 分； 3）至少每个评价要素各有一个优选项得分，优选项总分≥ 12 分； 4）技术创新加分（W_2）≥ 1.5 分。 3 优良： 1）控制项全部满足要求； 2）单位工程总得分 W ≥ 90 分，且权重最大阶段得分≥ 90 分； 3）至少每个评价要素各中有两项优选项得分，且优选项总分≥ 25 分； 4）技术创新加分（W_2）≥ 3 分。 结论：		

<table>
<tr><td rowspan="2">签字栏</td><td colspan="2">建设单位（组织）</td><td colspan="2">监理单位（参与）</td><td colspan="2">施工单位（参与）</td></tr>
<tr><td>签字人：</td><td>职务：</td><td>签字人：</td><td>职务：</td><td>签字人：</td><td>职务：</td></tr>
</table>

D.0.3 矿山法隧道工程单位工程评价汇总表应按表 D.0.3 执行。

表 D.0.3　单位工程评价汇总表（矿山法隧道工程）

<table>
<tr><td colspan="2">工程名称</td><td colspan="2"></td><td colspan="2">工程所在地</td><td colspan="2"></td></tr>
<tr><td colspan="2">施工单位名称</td><td colspan="2"></td><td colspan="2">填表日期</td><td colspan="2"></td></tr>
<tr><td colspan="2">施工阶段</td><td colspan="2">单位工程竣工
或申请五方验收</td><td colspan="2">工程类别</td><td colspan="2">市政工程</td></tr>
<tr><td colspan="2">评价阶段</td><td colspan="2">阶段得分</td><td colspan="2">权重系数</td><td colspan="2">权重后得分</td></tr>
<tr><td colspan="2">开挖</td><td colspan="2"></td><td colspan="2">0.40</td><td colspan="2"></td></tr>
<tr><td colspan="2">衬砌与支护</td><td colspan="2"></td><td colspan="2">0.40</td><td colspan="2"></td></tr>
<tr><td colspan="2">附属设施</td><td colspan="2"></td><td colspan="2">0.20</td><td colspan="2"></td></tr>
<tr><td colspan="2">单位工程绿色评价基本得分 W_1</td><td colspan="2">—</td><td colspan="2">W_1</td><td colspan="2"></td></tr>
<tr><td colspan="2">技术创新加分 W_2</td><td colspan="2">—</td><td colspan="2">W_2</td><td colspan="2"></td></tr>
<tr><td colspan="2">评价结论</td><td colspan="6">$W = W_1 + W_2$
1　不合格:
1）存在任意一项控制项不满足要求;
2）单位工程总得分（W）$<$ 65 分;
3）权重最大阶段得分 $<$ 65 分。
2　合格:
1）控制项全部满足要求;
2）单位工程总得分 $65 \leqslant W < 90$ 分，权重最大阶段得分 $\geqslant$ 65 分;
3）至少每个评价要素各有一个优选项得分，优选项总分 $\geqslant$ 12 分;
4）技术创新加分（W_2）$\geqslant$ 1.5 分。
3　优良:
1）控制项全部满足要求;
2）单位工程总得分 $W \geqslant 90$ 分，且权重最大阶段得分 $\geqslant$ 90 分;
3）至少每个评价要素各中有两项优选项得分，且优选项总分 $\geqslant$ 25 分;
4）技术创新加分（W_2）$\geqslant$ 3 分。

结论:</td></tr>
<tr><td rowspan="2">签字栏</td><td colspan="2">建设单位（组织）</td><td colspan="2">监理单位（参与）</td><td colspan="3">施工单位（参与）</td></tr>
<tr><td>签字人:</td><td>职务:</td><td>签字人:</td><td>职务:</td><td>签字人:</td><td colspan="2">职务:</td></tr>
</table>

D. 0. 4 盾构法隧道工程单位工程评价汇总表应按表 D.0.4 执行。

表 D. 0. 4 单位工程评价汇总表（盾构法隧道工程）

<table>
<tr><td>工程名称</td><td></td><td>工程所在地</td><td></td></tr>
<tr><td>施工单位名称</td><td></td><td>填表日期</td><td></td></tr>
<tr><td>施工阶段</td><td>单位工程竣工
或申请五方验收</td><td>工程类别</td><td>市政工程</td></tr>
<tr><td>评价阶段</td><td>阶段得分</td><td>权重系数</td><td>权重后得分</td></tr>
<tr><td>始发与接收</td><td></td><td>0.40</td><td></td></tr>
<tr><td>掘进与衬砌</td><td></td><td>0.40</td><td></td></tr>
<tr><td>附属设施</td><td></td><td>0.20</td><td></td></tr>
<tr><td>单位工程绿色评价基本得分 W_1</td><td>—</td><td>W_1</td><td></td></tr>
<tr><td>技术创新加分 W_2</td><td>—</td><td>W_2</td><td></td></tr>
<tr><td>评价结论</td><td colspan="3">$W = W_1 + W_2$
1 不合格：
1）存在任意一项控制项不满足要求；
2）单位工程总得分（W）< 65 分；
3）权重最大阶段得分< 65 分。
2 合格：
1）控制项全部满足要求；
2）单位工程总得分 $65 \leqslant W < 90$ 分，权重最大阶段得分≥ 65 分；
3）至少每个评价要素各有一个优选项得分，优选项总分≥ 12 分；
4）技术创新加分（W_2）≥ 1.5 分。
3 优良：
1）控制项全部满足要求；
2）单位工程总得分 $W \geqslant 90$ 分，且权重最大阶段得分≥ 90 分；
3）至少每个评价要素各中有两项优选项得分，且优选项总分≥ 25 分；
4）技术创新加分（W_2）≥ 3 分。

结论：</td></tr>
<tr><td rowspan="2">签字栏</td><td>建设单位（组织）</td><td>监理单位（参与）</td><td>施工单位（参与）</td></tr>
<tr><td>签字人：　职务：</td><td>签字人：　职务：</td><td>签字人：　职务：</td></tr>
</table>

D.0.5 管线工程单位工程评价汇总表应按表 D.0.5 执行。

表 D.0.5 单位工程评价汇总表（管线工程）

<table>
<tr><td colspan="2">工程名称</td><td colspan="2"></td><td>工程所在地</td><td colspan="2"></td></tr>
<tr><td colspan="2">施工单位名称</td><td colspan="2"></td><td>填表日期</td><td colspan="2"></td></tr>
<tr><td colspan="2">施工阶段</td><td colspan="2">单位工程竣工
或申请五方验收</td><td>工程类别</td><td colspan="2">市政工程</td></tr>
<tr><td colspan="2">评价阶段</td><td colspan="2">阶段得分</td><td>权重系数</td><td colspan="2">权重后得分</td></tr>
<tr><td colspan="2">定位</td><td colspan="2"></td><td>0.10</td><td colspan="2"></td></tr>
<tr><td colspan="2">安装</td><td colspan="2"></td><td>0.60</td><td colspan="2"></td></tr>
<tr><td colspan="2">测试与联网</td><td colspan="2"></td><td>0.30</td><td colspan="2"></td></tr>
<tr><td colspan="2">单位工程基本得分 W_1</td><td colspan="2">—</td><td>W_1</td><td colspan="2"></td></tr>
<tr><td colspan="2">技术创新加分 W_2</td><td colspan="2">—</td><td>W_2</td><td colspan="2"></td></tr>
<tr><td colspan="2">评价结论</td><td colspan="5">$W = W_1 + W_2$
1 不合格：
1）存在任意一项控制项不满足要求；
2）单位工程总得分（W）$<$ 65 分；
3）权重最大阶段得分 $<$ 65 分。
2 合格：
1）控制项全部满足要求；
2）单位工程总得分 $65 \leqslant W < 90$ 分，权重最大阶段得分 $\geqslant$ 65 分；
3）至少每个评价要素各有一个优选项得分，优选项总分 $\geqslant$ 12 分；
4）技术创新加分（W_2）$\geqslant$ 1.5 分。
3 优良：
1）控制项全部满足要求；
2）单位工程总得分 $W \geqslant 90$ 分，且权重最大阶段得分 $\geqslant$ 90 分；
3）至少每个评价要素各中有两项优选项得分，且优选项总分 $\geqslant$ 25 分；
4）技术创新加分（W_2）$\geqslant$ 3 分。

结论：</td></tr>
<tr><td rowspan="2">签字栏</td><td colspan="2">建设单位（组织）</td><td colspan="2">监理单位（参与）</td><td colspan="2">施工单位（参与）</td></tr>
<tr><td>签字人：</td><td>职务：</td><td>签字人：</td><td>职务：</td><td>签字人：</td><td>职务：</td></tr>
</table>